고흐의 숲 해설

인문학적 숲해설 4

고흐의 숲해설

초판 1쇄 인쇄일 2024년 6월 14일
초판 1쇄 발행일 2024년 6월 21일

지은이 박종만
펴낸이 양옥매
디자인 송다희 표지혜
교   정 조준경
마케팅 송용호

펴낸곳 도서출판 책과나무
출판등록 제2012-000376
주소 서울특별시 마포구 방울내로 79 이노빌딩 302호
대표전화 02.372.1537   **팩스** 02.372.1538
이메일 booknamu2007@naver.com
홈페이지 www.booknamu.com
ISBN 979-11-6752-480-5 (03480)

고흐의 ── 숲 해설

박종만 • 지음

책과나무

AI 시대, 숲해설의 지평을 열다

몇 번 필자의 숲해설을 들어 보았습니다. 파안대소와 눈물의 인터네이션이 확실한, 오래 기억될 창작품이었습니다. 필자는 많은 저서와 유튜브 활동을 통하여 인문학적 해설과 외국어 해설에 새로운 지평을 개척했습니다.

숲해설이 다른 해설과 다른 점은 규정이 불가능한 위대한 숲이 베푸는 자비를 체험하는 여행이란 점입니다.

'숲은 희망(希望)과 창의(創意)의 장(場)'이라는 생각 위에서 펼쳐지는 필자의 해설은 많은 분을 감격하게 합니다. 그 속에는 필자의 파란만장한 삶과 철학이 송두리째 녹아 있어서 바로 '고흐의 해설'이라 할 수 있습니다.

국립수목원 현장에서 실제로 인공지능 시대의 앞서가는 해설을 한번 들어 보실 것을 권합니다.

2024년 5월
前 산림청장 최종수

왜 인문학적 숲해설인가

인문학은 취직하고 신기술을 개발하고 돈 버는 데에는 약하지만, 삶의 지혜를 쌓아 인생을 행복하게 하는 데에는 절대로 필요한 학문입니다. 현대인들이 행복에 부쩍 많은 관심을 두기 시작하면서 필요성은 더 절실해졌습니다.

자연현상은 과학적인 팩트입니다. 그것을 많이 아는가도 중요하기는 하겠지만, 더 중요한 것은 그 팩트를 어떻게 재미있게 엮어 내는가 하는 것입니다. 그것이 더 감동적이고 더 강한 임팩트를 주려면 자신의 고뇌하는 삶을 그 속에 녹여 내야 합니다.

그렇다면, 왜 인문학적 숲해설일까요?

- 좀 더 다양하게
- 좀 더 재미있게
- 좀 더 임팩트 있게
- 좀 더 깊이 있게

자연계의 현상과 인문학의 결합입니다. 자세하게 들여다보면 시대적인 요구이기도 합니다.

– 팩트 설명만으로는 고객의 다양한 욕구를 만족시킬 수 없습니다.

– 재미있게 하기 위해서는 상당한 인문학적 요소가 필요합니다.

– 임팩트 강한 구성을 활용하여 울림이 있는 인상을 줍니다.

– 사상적 깊이, 철학적 깊이가 있도록 합니다.

결론적으로,

손님들에게 무엇을 설명하여 주입할 것인가가 아니고

반대로 무엇인가를 토해 내도록 하고자 하는 것입니다.

2024년 5월

박종만

인문학적 숲해설

AI 시대의 숲해설

모름의 확장 🌿

알면 알수록 읽으면 읽을수록 모름도 비례적으로 확장되어 간다.

수천 종의 식물들의 잎, 종자와 꽃, 수백 종의 버섯들, 무수한 곤충과 애벌레, 백여 종의 새들… 그 모든 것들을 알아야 한다는 강박관념과 손님들이 질문하는 모두를 대답해야 하는 줄 아는 잘못된 인식이 숲해설을 하기 위한 준비부터 잘못된 길로 안내하고 있다.

모르는 부분을 과감하게 허락하는 용기가 필요하다.

방문 목적이 가장 중요하다 🌿

21세기 최고의 가치는?

21세기 최고의 가치는 무엇일까? '즐거움'이다.

현대는 즐겁지 않으면 아무도 듣지 않는다. 재미있게 구성하라. 큰 노력이 필요함에도 그다지 노력하지 않는 모습들이 안타깝다.

숲을 찾는 대부분 사람이 공부하러 오기보다는 쉬러 오는 것이다.

어디에 가서 무엇을 이야기하든 즐겁게 진행해야 하는 것이 매우 중요하다.

노란색 해설

고흐의 작품

고흐의 작품은 누구나 알아본다. 해설은 창작이다. 자기만의 색깔을 보일 때 호소력과 설득력이 강하다. 고흐의 아픔이 배어 있는 노란색을 강조하기 위해 지식적인 내용이나 모방은 일부러 피한다.

모방은 한계가 있다

스스로 산고를 겪어야 깊은 진정성이 강하다.

남의 것을 모방하기만 해서는 호소력이 약하다.

색을 많이 써야 명작이 아니다

자기만이 좋아하는 단지 몇 가지 색으로도 임팩트 있게 묘사할 수 있는 것이 진정한 실력이다.

울림이 있는 해설 🖋

주입보다는 감동으로
설명해서 주입하려는 것은 시대착오적이다.
대신에 감탄과 눈물을 토해 내게 하는 것이다.

여백 활용
해설하는 동안 너무 말을 많이 하는 것은 아닌지?
많이 전달하려는 노력보다 울림이 있는 해설이 중요하다.

기본 철학 정립 🖋

해설의 기저에 일관된 사상이 흘러야 한다.
이리 갔다 저리 갔다 해서는 안 된다.

스마트폰 활용 🖋

외우려던 것은 스마트폰에 맡겨라. 개념을 이해하기 위하여 어느 정
도는 암기가 필요하지만, 단순한 지식은 과감하게 맡겨야 할 시대이다.

KISS 🌿

Keep it short & sweet.
'짧고 재미있게'는 시대적인 트렌드이다.

미래의 숲해설 🌿

챗GPT가 대유행어가 된 적이 바로 얼마 전이었는데도, 이미 모든 분야의 개발 업무를 담당하는 사람들의 77%가 그것을 이미 유용하게 사용한다는 보도가 나왔고 서점에는 관련 서적들이 도배되어 있다. 가속페달을 최대로 밟고 달리는 자동차 같은 느낌이다. 세상은 예상되는 긍정적인 면과 부정적인 면이 크게 충돌하고 있는 양상이지만, 모든 분야에 AI 쇼크를 일으키고 있는 것은 분명하다.

그리 멀지 않은 곳에 쓰나미가 몰려오는 것이 보인다. 대상별, 코스별, 계절별, 관심별 등등 모든 것을 아우르는 맞춤 해설이 핸드폰에서 흘러나올 날이 머지않다는 사실은 쉽게 예견된다. 책에 있는 내용, 외운 것들을 전달하는 것은 그만두고 나만의 감동 스토리를 창작해 내지 않으면 안 되는 시대가 코앞에 와 있다. 아직은 유아기의 AI인지라 성장 후의 모습을 정확히 알 수는 없지만, 공상과학이 현실로 다가오는 두려움이 본능적으로 느껴지는 시점이다.

이런 상황에서 숲해설은 이대로 좋은가? 나에게 질문해 본다.

- 나만의 창작
- 감동적 스토리
- 재미있게
- 지성보다는 감성

등이 AI 시대에 우리들의 숲해설의 가치를 유지할 수 있지 않을까?

매크로적인 관점도 중요하다 🌿

캐나다의 버차드 가든이 식물의 이름표를 없앤 이야기는 유명하다. 이름을 알면 더 친숙하게 다가갈 수 있는 것은 사실이지만, 그 이름을 암기하는 데 골몰한 나머지 아름다움을 감상해야하는 본질을 망각해서는 안 될 일이다. 연전에 버차드 가든의 한 조경사의 말,

> "바쁜 나에게 계속해서 나무 이름을 묻는 사람들이 있는데, 그 대부분이 Korean이다."

우리 민족은 뭔가 모르면 궁금하여 못 견디는 성격들인지라 지식이 매우 중요하기 때문에, 암기의 나라가 될 수밖에 없는 것이다. 내가 본 해설가들은 모두 암기의 천재이다. 수많은 식물, 새, 버섯의 이름을 죄다 외우고 있으니 말이다. 참으로 경이로운 일이다.

하지만 여기서 한번 생각해 보자. 외우는 대부분이 자연을 마이크로

적 관점으로 바라보기 때문이다. 관점을 바꾸어 매크로적으로 바라보면 그렇게 세밀하게 암기할 필요는 없어질 것이다. 물론 암기가 일정 부분 중요한 것은 사실이다. 하지만 과연 들인 노력만큼이나 중요한 것일까? 이제부터는 AI가 상당 부분 도와줄 것이다. 대신에 어떻게 하면 손님들이 감동하며, 눈물을 흘리며, 파안대소하며, 희망의 찬가를 부를 수 있게 할 것인가에 집중해야 한다.

고흐가 숲해설을 해야 한다 🖋

우리가 주목해야 하는 것

《Her》, 《A.I.》 같은 수많은 영화가 'AI는 사랑할 수 있을까?'라는 주제를 다루었는데 한결같이 결론을 도출하지는 못했다. 하지만 금세기 내에는 AI가 사랑할 수는 없을 것이란 게 중론이다. 결국, 저 깊은 곳에 있는 삶의 가치에는 접근이 쉽지 않으리라는 전망이 우세하다. 그래서 인문학의 중요성이 대두되는 것이다.

강렬한 창의적 개성이 없는 모든 것은 사라질 것이다. 누가 봐도 고흐의 작품은 알아볼 수 있고, 노란색만 보면 고흐가 연상된다. 애절한 삶과 독창적 생각이 작품에 녹아 있어서 임팩트가 그만큼 강한 것이다.

새로운 시대 - AI 시대 🍃

현재 AI 선두 주자는 MS이다. 수년 전 한때 위험하다는 순간도 있었지만 어느 사이에 3조 1,300억 달러라는 전무후무한 시가총액을 기록한 것은 각 분야에서 선풍적인 인기를 끌고 있는 챗GPT 덕분이다. 선두 주자로서 그 옛날의 윈도우 신화처럼 난공불락의 MS의 AI성에 구글과 애플이 합작으로 도전하고 있다. 생사를 건 전쟁이 격렬하게 진행되고 있다.

이에 따라 AI칩 시장도 어마어마한 시장 성장을 기록하고 있다. 90%의 시장을 독점하고 있는 엔비디아의 주가가 3배나 폭등한 것을 보면 알 것이다. 여기에도 인텔과 구글이 도전장을 내밀고 있는데, 많은 업체들이 엔비디아 독점을 원하지 않기 때문에 경쟁은 날로 치열해져 가고 있다. 우리나라에서는 삼성전자와 네이버가 합작으로 개발 중이며 이미 상당 부분 성과를 내고 있다.

이미 AI가 지배하는 시대가 시작되었다. 상상을 초월하는 새로운 시대가 눈앞에 펼쳐지고 있는 것이다. 세상은 과연 어느 방향으로 가려는 것일까? 세상을 소비만 하는 쪽이 아니라 개선하는 쪽으로 향하기를 바라본다.

이매지노베이션(Imaginnovation), 상상을 혁신으로 🍃

상상은 모든 혁신의 출발이며 실행하지 않으면 바로 사라져 버리는 휘발성 강한 물질이다. '상상하라, 그러면 열릴 것이다.' 초록색 숲은 우리

에게 많은 영감을 제공하는 곳이다. 많은 사옥들이 숲속에 자리 잡는 것
만 보아도 달리 설명할 필요가 없을 것이다. 스티브 잡스의 혁신은 모두
상상으로부터 출발한 것이다. 현재 세계 경제는 놀라운 과학기술이 아
니라 창조적 상상력에 뿌리를 두고 있다.

숲해설가의 철학

준비해야 하는 것들 🌱

내 삶을 녹여 내는 해설

살아오면서 내게 강한 영향을 주었거나 임팩트가 강했던 것을 기억하여 그것을 녹여 내는 해설을 해야 한다.

시야의 확장, 발상의 전환

시야를 넓히는 작업이 필요하다. 새로운 세상에 왔으니 새로운 시각이 필요하다. 숲, 생태계 나아가서 자연의 본질 등을 파악하는 일이다. 발상의 전환이 필요하다.

내가 준비했던 것들 🌱

숲에 중독되는 작업

숲을 닮아야 한다는 생각에 매일 아침 1시간 일찍 출근하여 숲에서 보냈다. 숲의 향기, 소리, 색깔 등 모든 것이 내 속에 각인되도록 하였다.

- 숲에게 내 나름의 이름을 붙여 주었다. 숲에 들어가면 숲은 마치 엄마처럼 우리를 '고생했구나, 푹 쉬렴.' 하면서 안아 주는 순간, 일시적이지만 혈압도 당뇨도 정상으로 돌아간다. 조선 시대에 시집을 가면 1년이 지나야 친정 나들이가 허락된다. 딸이 온다는 전별을 받은 친정엄마는 아침부터 앞문을 열어 놓고 언덕을 응시한다. 이윽고 저녁 무렵 언덕 위에 딸아이 모습이 나타나면 신발도 신지 않고 달려가서 끌어안고 몇 시간을 흐느낀다. 그 엄마들의 눈물을 담아 'Green Mother'라고 이름 지었다. 우리가 수십만 년 동안 살았던 엄마의 품이다.
- 숲은 감사의 마음이 가득한 곳이다. 감사한 마음으로 이 세상에 공헌하는 나를 만들어 가는 곳이다.

- 숲은 희망과 창의의 장(場)이다. 나의 해설의 기저에는 모두 이 두 키워드의 생각이 흐른다.
- 초록의 바다에는 희망이 가득하다. 살아남은 자들의 희망가가 울려 퍼진다. 인간이 가장 많은 색조를 구별할 수 있는 것이 초록색이다. 인간이 초록색을 잘 식별해야 하는 것은 생존 확률을 높이기 위해 절대 필요했던 이유로 진화의 결과이다. 초록색은 안도의

색이다. 단테의 『신곡(神曲)』에서 지옥 입구에 붙은 구호는 '이 문으로 들어가는 자는 모든 희망을 버려야 한다.'이다. 헬조선에서 희망을 상실한 사람들에게 진정한 희망을 선사할 수 있는 곳은 숲이다.

- 창의성이 그 어느 때보다 절실한 주제이다. 그 많은 창작 대작들이 숲에서 태어난 것은 다 그만한 이유가 있다. 그러니 해설도 창작 작품이면 더 좋을 것이다.

아낌없이 주는 나무가 되기

부처님을 잘 알고, 인성이나 생각, 행동도 부처님을 닮아야 부처님을 전파할 수 있는 것처럼, 나는 날카롭고 이기적인 나를 나무같이 아낌없이 주는 인성으로 갈고닦았다.

매일 삼감(三感)

감동, 감탄, 감사하기.

강점으로 약점을 커버한다

극도로 암기를 못 하는 단점을 거시적 관점과 인문학으로,
무식한 상태로 노출되는 부분을 즐거움으로 커버한다.

내가 쉽게 손님들의 감동을 끌어낼 수 있는 이유 🌿

이미 기분 좋은 상태에서 출발한다

인간은 생각하는 동물이 아니다. 감정의 지배를 받고 사는 동물이다. 찰스 다윈이 말했다. "감정을 잘 다스리는 자만이 살아남는다."

생각해 보면 이성적 판단보다 감정을 앞세운 판단이 내 인생 전체를 지배했던 것 같다. 해설도 마찬가지이다. 말하는 사람이나 듣는 사람 모두 어떤 감정 상태 위에서 판단한다는 사실이다. 이미 잘 조성된 즐거운 분위기 위에서 출발한다는 것이 가장 중요한 이유이다.

많은 우군이 도와준다

맑은 공기, 자연의 소리, 다양한 자연의 현상, 수많은 종류의 향기, 멋진 경치, 갖가지 색상, 수많은 동식물.

해설에 임하면서 정성껏 준비하는 다섯 가지

- 단정하고도 명랑한 패션
- 즐거운 표정
- 자연스러운 시선 관리
- 안정되고 조금은 들뜬 목소리
- 예쁜 생각이 예쁜 해설을 낳는다.

해설에 대한 생각 🍃

2012년 2월 1일부터 약 6개월간 시간 날 때마다 유명산, 산음 등지를 다니며 수많은 해설을 들어 보았다. 심지어는 경복궁과 창경궁에서 영어 해설까지 들어 보면서 전체적인 해설의 경향을 파악하였는바, 거의 모든 해설이 비슷한 패턴으로 움직인다는 것을 발견하였다. 그것은 동선상에서 만나는 나무나 야생화에 대하여 손님들에게 설명하고 주입시키는 형태였다. 모든 해설가가 그 많은 나무나 꽃, 그리고 곤충과 버섯에 대하여 무척 박식하다는 사실에 놀랐다. 꽃이나 야생화, 곤충에 대하여 열심히 공부해야 하는 이유를 알았다.

이러한 해설 트렌드에 대하여 몇 가지 문제를 지적하면서 『인문학적 숲해설』 제1권에 나의 주장을 담았다.

- 바야흐로 4차 산업혁명이다, AI 시대이다 하는 때에 무엇인가를 설명하여 주입시키려는 게 과연 맞는 이야기일까?
- 모처럼 휴식하러 온 사람들에게 스마트폰에 있는 이야기를 전달하는 것이 그렇게 중요한 것일까?
- 숲! 그 위대한 숲을 얘기하는 것에 소홀하다.
- 이런 해설로 고객의 감동을 이끌어 내기에는 역부족 아닐까?
- 좀 더 즐거운 해설로 만들어야 한다.
- 너무 말을 많이 하고 있다.

언어는 생각의 옷이다 🖋

나만의 언어가 있는가? 같은 한국어를 사용하는데 왜 어떤 사람은 색 달라 보일까? '어도락가(語道樂家)'란 말도 있다. 해설가들에게는 다른 사람에게 영감을 주는 말이 필요하다.

'벚꽃의 꽃말은 중간고사'

어도락가다운 표현이다. 다른 사람의 관심을 받고 싶다면 내 생각을 다르게 표현하는 창의력이 필요하다. 생각이 깊어야 말도 깊어지는 법이다.

언어는 인생 그 자체라고도 한다. 완성되어 가는 인생일수록 언어도 익어간다고 한다. 확실하게 말하기 위해서는 확실하게 보고 생각해야 한다. 그러면 말의 컬러가 달라진다. 피가 부족하면 빈혈인 것처럼 언어가 부족하면 빈어(貧語)증이다. 충분한 표현을 위하여 충분한 독서가 필요하다.

美食家(미식가)일까 味食家(미식가)일까? 그러니 한자도 필요하다. 뭔가 다른 사람들은 사용하는 언어도 다르다. 늘 놀라워하는 것은 시인들의 언어이다.

말을 감칠 나게 감동적으로 하려는 노력이 해설가들에겐 필수이다.

외국어 해설 🖋

외국어 해설 잘하는 노하우

- 외국어 해설을 잘하려면 먼저 한국어 해설을 잘해야 한다.
- 유창한 외국어보다 정확한 콘텐츠가 더 중요하다. 고객의 관심사를 정확하게 파악하는 것이 중요하다. 손님들의 문화, 역사를 사전에 공부해야 한다.
- 영어를 잘한다는 사람들이 실패하는 이유는 교만한 마음 때문이다. 겸손한 자세가 필요하다.
- 무조건 빨리 굴린다고 능사가 아니다. 내가 경험한 바에 의하면 미국 초등 4학년 수준의 어휘나 스피드로 또박또박 확실하게 발음해야 한다.
- 가장 중요한 것은 첫 대면에서 폭소를 터뜨리는 것이다. 어려운 일이다.
- 해설 중간중간 재미있는 요소를 넣어 주지 않으면 지루해서 실패한다.
- 한국어 해설을 재미없이 산만하게 하는 사람은 외국어 해설을 포기해야 한다.
- 영어권 대부분은 자연을 마이크로적 관점으로 설명하는 것에는 관심이 없다. 매크로적이면서 인문학적 접근이 중요하다.
- 미국 · 영국 · 호주 같은 나라의 영어와 필리핀 · 인도의 영어는 다르다. 영어는 세계적으로 15가지 정도로 다양화되어서 모두를 잘 알아듣게 하는 것은 불가능하다.

- 품격을 지켜야 한다.
- 장악의 비결을 자기 코드에 맞게 개발해야 한다.
- 일관성 있는 자기 철학이 베이스에 흘러야 한다.

fact에 인문학을 입히면? 🍃

애절한 상사화의 만남

4-5월에 무성했던 잎이 다 시든 다음에 7월에 꽃대가 높이 올라가 아름다운 꽃을 피운다. 그 꽃은 자기를 키워 준 잎을 그리워하는 그 마음을 '상사화'라는 이름에 새겼다.

여기에 인문학을 입히면? 🍃

그리움 가득한 채 시든 꽃은 힘없이 꺾어진 꽃대에 매달려 이미 오래전에 다 시들어 버린 이파리, 그 흔적이나마 만나 보고 싶어서 숙이고 또 숙여서 이윽고 흔적만 남은 잎에 애절하게 키스한다.

수어(手語)해설

며칠 전 어느 작가의 북 콘서트에 갔는데, 사회자와 대담하거나 혼자 이야기할 때에 부지런히 동시에 수어를 열심히 하는 것을 보고 깜짝 놀랐다. 수어도 하나의 언어로서 유창하게 하기란 여간 어려운 것이 아니란 사실을 잘 알기 때문이다. 나중에 알고 보니 사랑하는 남편을 위해 땀 흘리며 통역하고 있었다.

아주 가끔 수목원에서도 수어해설이 필요할 때가 있어서 요즘 단체로 수어를 배우고 있다. 다행히도 올해 입사한 해설가 중 한 분이 수어를 할 수 있는 덕분이다. 단어 하나하나 배워 가면서 기억하는 것이 만만하지 않지만, 농인들도 양질의 해설을 들을 수 있도록 한다는 사명감으로 모두가 열심이다.

모든 것이 그렇듯이 어느 정도 열심을 낼 수 있는가는 내가 농인들을 얼마나 사랑하며 해설의 절실함을 느끼는가에 달렸다. 나도 드디어 뭔가 할 수 있다는 기쁨에 들뜬다.

해설가의 말(실례) 🖋

품격 있고 즐거운 리액션(reaction)이 필수

- 처음 만나면 '어디서 오셨습니까?' 묻게 된다. 대답을 듣고 그냥 넘어가면 안 된다. '아! 너무 좋은 곳에 사시는군요. 평소 저도 한번 살아 보고 싶어 한 곳입니다!' 반드시 품격 있는 맞장구를 쳐 드려야 한다.
- '혹시 처음 오셨습니까?' 이때 '네'라고 대답하면 '아주 바쁘셨군요!' 만일 '10년 전에 한 번 와 봤습니다.'일 경우, '변화 많은 세상이라 5년 전에 오신 것은 안 쳐 줍니다.'
- 어린 학생이 보일 경우, 'VIP 손님이 오셨군요.' 손님들이 두리번

거린다. 그럴 때 어린이한테 다가가서 '멋진 VIP 손님 어서 오세요. 오늘은 VIP 손님 중심으로 해설해 드리겠습니다. 무얼 원하십니까?'

- 보이는 나무 하나를 가리키며, '혹시 저 나무 이름을 아십니까?' 모른다고 하면 '이렇게 쳐다만 보고 대답을 못 하시면… 제가 해설하기 너무 편합니다. 감사합니다.' 만일 정확하게 대답하면 '이렇게 다 아시면 제가 해설하기 어렵습니다.' 또는 '손님께서는 지성과 미모를 다 갖추셨군요.'

- '이렇게 멋진 손님들께 해설하게 되어 영광입니다.' 90도 인사를 한 후 '하지만 손님들께서도 행운이십니다. 지금부터 수목원 최고의 명품 해설을 들으실 것입니다. 제가 이렇게 허풍을 떨고 나면 실제 명품이 되려고 최선을 다한답니다.'

- '손님, 좀 뒤로 가 주세요.' '왜요?' '손님처럼 멋진 분이 앞에 계시면 제가 말을 더듬습니다.'

최대한 간결하게

'짧은 말에 더 많은 지혜가 담겨 있다.' 소크라테스의 말이다.
심플하고 요점 중심으로 간결하게 설명해야 한다.

긍정적인 말의 중요성

듣는 사람들의 작은 변화에도 민감해야 한다.
기분 좋은 칭찬과 긍정적인 말을 계속 이어 가야 한다.
또, 유머는 마음을 따뜻하고 여유롭고 편하게 해 준다.

말할 때 나의 눈빛, 손짓, 몸짓을 잘 활용하여 분위기를 장악해야 한다.

품격 있는 언어 선택

그 사람의 인격은 그 사람의 말에서 나온다.

품격 있는 질문을 해야 한다.

높은 지성과 인간미 넘치면 좋은 향기를 뿜는다.

족집게 해설 🍃

여러 번 시티투어 가이드를 받아 보았지만 지금까지 압도적으로 기억에 남아 있는 것은 바티칸시국 여행이었다. 정해진 시간에 그 많은 작품 중에서 무엇을 보여 줄 것인가를 그 가이드는 알고 있었다. 우리들이 관심을 보이는 작품 중심으로 그 가치를 설명하는 것이다. 어쩌면 그렇게 정확하게 내 마음을 읽고 있었는지 놀라울 따름이었다. 얼마나 인상적이었으면 40년이 지난 지금까지 선명하게 남아 있을까? 〈천지창조〉, 〈아테네학당〉….

한번은 실리콘케미컬 분야의 세계적인 석학 Mr. Wang을 우리 집에 초대한 적이 있다. 무슨 음식을 준비하며 어떤 분위기를 연출할 것인가에 대한 고민이 시작되었다. 저녁 식사에 초대했으니 당연하게 음식이 중심 주제가 된다. 영양가 위주로? 아니다. 일단 먼저 손님들의 취향을 알아보는 게 중요하다. 이후에 우리 집의 특징을 가미하는 방향으로 해야 할 것이다. 좋아하는 음식을 맛있게 먹으면서 우리 집을 오래 기억할 수 있도록 여러 특별한 지혜가 필요하였다.

감탄을 자아내게 하기 위해서는 많은 경험과 센스, 그리고 여러 고려가 필요하다. 해설도 마찬가지라고 본다. 내가 일방적으로 준비한 것을 보여 주는 우를 범해서는 안 된다. 철저하게 손님 중심으로 해야 한다.

숲테이너 🍃

엔터테이너란 (직업적으로)남을 즐겁게 해주는 사람이란 뜻이다. 그러니 '숲테이너' 라고 불러도 좋을 듯 한데?

인문학적 숲해설의 실례 심화 버전

내가 개발한 인트로 🌿

여러분! 저는 늘 이곳에서 손님들이 숲을 즐길 준비가 되어 있는가를 점검해 봅니다. 준비물이 없으신 분은 해설을 들으시기 어렵습니다.

손님께서는 전에 학교에 다니실 때 매일 무엇을 가져가셨습니까?

'도시락'

다른 분들은 모두 '책가방'이라고 하시는데 손님만은 ㅎㅎ. 그래서 이렇게 건강하시군요. 그럼 오늘 수목원에 오시면서 무엇을 준비하셨나요?

'...'

이 세상에서 가장 아름다운 것은 눈으로 보이는 것도 아니고 손으로 만져지는 것도 아닙니다. 오로지 가슴으로 느껴질 뿐입니다. 오늘 아주 멋진 곳으로 들어갑니다. 그래서 '느낌'이 필요합니다. 손님 여러분! 느낌이 있으십니까?

'네'

(웃으며) 대답은 잘하시네요, 하지만 현대인들은 너무 맵고 짠 것에

익숙하다 보니 느낌이 조금은 망가져 있습니다. 오늘 그 느낌을 잘 일깨워서 지금부터 느낌 여행을 하시겠습니다.

네 번의 비 🌱

방금 손님 중에서 '수목원에는 언제 오는 것이 좋습니까?'라는 질문을 받았습니다. 대답해 드리겠습니다. 수목원에는 매년 비가 네 번만 내린답니다. 절대 다섯 번 내리지는 않습니다. 손님! 아셨습니까?

'아니요.'

생물 시간에 조셨군요. 그 중요한 것을 모르시는 것을 보니까.

첫 번째 비: 카타르시스

3월 말경 벚꽃, 개나리, 진달래, 목련 등등이 한꺼번에 떨어집니다. 화려한 꽃비! 하지만 그 화려함을 즐기러 오시라는 게 아닙니다. 그 화려한 꽃들이 불과 며칠 만에 한꺼번에 허무하게 떨어진 후에 남는 것은 앙상한 가지들의 외로운 광경. 카타르시스를 즐기고 느끼시러 오세요.

두 번째 비: VVIP

5월에 이 길을 걸으면 뭔가가 거미줄을 타고 막 떨어집니다. 애벌레들입니다. 애벌레들이 나뭇잎을 갉아 먹다가 새가 날아오면 도망가야 하는데,

기어가거나 변색하거나 하는 것들은 다 잡아먹히고 살아남는 것은 미리 실을 만들어 놓았다가 마술처럼 그 실을 타고 떨어져 사라지는 것들입니다. 이 공원의 VVIP들입니다.

모든 생물 다양성의 출발은 애벌레들입니다. 애벌레 천국입니다. 저기 보이는 돌탑은 무슨 목적으로 쌓아 놓은 것일까요? 벌레 호텔입니다.

세 번째 비: 2 shift

9월 말 며칠간 우박처럼 쏟아져 우산이 필요할 정도인데, 이 비를 머리에 직접 '탕' 하고 맞으면 IQ가 10이 올라간다고 합니다. 무슨 비일까? '도토리비'입니다.

그런데 퇴근길에 보면 그렇게 많던 도토리가 아침에 와 보면 하나도 없이 사라집니다. 과연 누가 그걸 다 치울까요? 다람쥐? 다람쥐는 대량소비자가 아닙니다. 사람? 하나라도 건들면 벌금입니다. 수목원은 2교대로 관리한다는 사실. 밝을 때는 사람이, 어두워지면 멧돼지가 관리한답니다. 멧돼지들의 야간 파티가 열립니다. 그들은 내려온 김에 지렁이파티도 곁들입니다. 온 동네를 파헤쳐 놓고 갑니다.

네 번째 비: 단풍비

10월 하순에 쏟아지는 단풍비의 현란한 컬러페스티벌은 장관입니다. 그중에서는 졸참나무 숲의 품격 높은 단풍색은 경탄을 자아냅니다.

이렇게 비를 맞으러 오세요.

〈Let it be〉를 부르는 숲 🌿

4억 7,000만 년 전에 바다에서 상륙한 식물들은 지진, 화산, 빙하 같은 무수한 역경을 극복하며 지구를 파라다이스로 가꾸어 왔는데 최근에 드디어 그 대업을 완성했습니다. 대단한 일을 해냈습니다만, 최근에 나타난 어느 동물 하나가 그 파라다이스를 무참하게 파괴하고 있습니다.

보다 못한 나무들이 이 노래를 부릅니다. 제가 그 노래를 한번 불러 보겠습니다. 곡명, 작곡가, 밴드 이름을 맞추어 보십시오. 해설가! 쉬운 직업이 아닙니다. 노래까지 잘 불러야 하니까요.

When I find myself in time of trouble,

Mother Mary comes to me.

네, 비틀즈의 〈Let it be〉입니다. 폴매카트니가 작곡했지요.

지금 막 새들의 소리가 들렸습니다. 제가 통역해 드리겠습니다. 노래를 부른 게 아닙니다.

"인간들아, 제발 나가다오. 부탁한다."

이미 인간들은 용서받지 못할 자입니다. 너무 악랄하게 파괴를 해 오고 있습니다. 그렇다면 자연은 잠자코 있을까요? 자연의 반격이 시작되었습니다. 베네치아의 건물들을 짓기 위해 16세기경 지중해 연안의 수많은 나무를 베어서 사용하였는데 그때의 상처가 지금까지도 곳곳에 남아 있습니다. 수 세기가 지난 지금 자연의 반격이 시작되어 산마르코

광장이 시도 때도 없이 물바다가 되어 난리가 났지요. 사실 자연은 보고 있습니다. 인간이 사라질 날이 머지않은 것을.

보통 하나의 종(種)이 지구상에 나타났다가 멸종될 때까지의 종의 수명은 평균 500만 년이라고 합니다. 인간은 침팬지로부터의 분가(分家)를 따지면 600만 년이라고 합니다. 인간들 스스로 사라질 날이 그리 멀지 않다는 것을 그들은 보고 있습니다.

영혼을 노래하는 전나무 🍃

여기 우리나라에 두 군데밖에 없는 귀한 전나무숲길입니다. 전나무에 대해 해설을 해 드리겠습니다. 이 곡을 들어 보십시오. (〈운명교향곡〉 첫 부분을 들려주며) 누가 왜 이렇게 두드립니까? 30대 초반의 베토벤은 이렇게 기도했습니다.

"주여! 음악가에게서 귀를 빼앗아 가면 어찌하옵니까?
차라리 다리를 가져가세요!"

악화하여 가는 귀를 바라보며 주님을 원망하며, 운명을 원망하며 두드리는 것입니다. 운명을 작곡한 후 그는 빈 중심부에서 교외 하일리겐슈타트라는 숲으로 이사를 합니다. 제가 83년도에 그 숲을 가 보니 고즈넉한 실개천이 흐르는 아름다운 숲길이었습니다(그러나 얼마 전에 다시 가 보니까 많이 망가져서 숲길 같은 느낌은 없었습니다). 베토벤은 그 길을 하루도 거르지 않고 비가 오나 눈이 오나 산책하였습니다. 그러기를 1년. 그의 기도가 바뀌었습니다.

> "주여, 소리는 귀로 듣는 것이 아니군요.
> 소리는 가슴으로 듣는 것임을 깨달았습니다. 감사합니다."

원망의 기도가 감사의 기도로 바뀌었습니다. 그리고 작곡한 것이 그 평화로운 〈전원교향곡〉이지요. 숲은 그렇게 아픈 그를 치유해 주었습니다.

다시 한번 〈운명교향곡〉을 들어 볼까요? 모든 악기가 같은 소리를 냅니다. 그런데 그중에서도 우리의 영혼을 울리는 소리가 들립니다. 더블베이스라고도 하고 콘트라베이스라고도 하지요. 영혼의 소리입니다. 첼로로는 도저히 못 내는 소리입니다.

그 콘트라베이스를 만드는 나무가 전나무입니다. 둘레 2m 이상의 100살 이상 된 나무 중에서도 100대1의 경쟁률을 뚫어야 선택됩니다. 전나무는 빛을 향하여 높이 높이 올라가기 위해 가지를 스스로 떨굽니다. 그렇기에 흠 없는 큰 울림을 만들어 냅니다. 전나무숲을 바라보며 한번 다시 들어 보시겠습니다.

숲에서 영혼의 소리를 내는 나무는 전나무입니다만 새 중에서도 영혼의 소리를 내는 것이 있습니다. 여러분! 2월의 고요한 눈 덮인 숲속에서 딱따구리의 드럼 소리를 들어 본 적 있습니까? 온 산이 울립니다. 마치 감전된 것처럼 전율을 느끼게 합니다. 그 작은 새의 두드림이라고는 도저히 믿어지지 않는 어마어마한 울림입니다. 영혼으로 들어야 하는 소리입니다.

새들의 아파트 🌱

여러분, 이 세상에서 아파트를 제일 좋
아하는 나라가 어디인지 아십니까?
'대한민국.'
네, 그래서 그런지 한국에 사는 새들도
아파트를 짓는다는 사실을 아십니까? 오
늘 그 아파트를 보여 드리겠습니다.

저기 보십시오. 나무줄기에 구멍이 몇
개 나 있지요. 네, 딱따구리의 아파트랍
니다. 그런데 하나밖에 안 쓰는데 왜 둥
지를 몇 개씩이나 짓는지 아십니까? 바로 비상시의 대피용입니다. 그
리고 왜 이렇게 큰길가에 짓는지 아십니까? 천적을 피하기 위해서랍니
다. 알이나 새끼를 사정없이 노리는 천적이 무엇일까요? 뱀입니다. 이
제 그 이유를 아시겠지요.
그런데 저렇게 나무에 구멍을 뚫으면 나무가 싫어하겠지요. 그래서
딱따구리는 보답으로 나무의 수액을 빨아 먹는 많은 작은 벌레들을 없
애 준답니다. 그들은 수피 밑에 숨어 사는 벌레들을 잡아먹습니다. 14
㎝에 이르는 기다란 혀로 하나도 남김없이 주위를 뒤지는데, 더 놀라
운 사실은 그 혀끝에 귀가 달려 있다는 사실입니다. 그래서 진화의 꽃

이라고도 합니다. 아주 작은 벌레의 움직임도 모두 찾아낼 수 있답니다. 하루에 좀벌레 160마리, 딱정벌레 10마리, 개미 수천 마리를 잡아 먹습니다.

여러분, 여러분의 집에 쓸데없지만 버리기 아까워서 가지고 있는 것 많지요? 그런데 이 새는 이렇게 힘들여 지은 둥지를 딱 두 달만 쓰고 버린답니다. 영원히 다시 사용하지 않습니다. 무소유이지요. 법정 스님의 말씀을 실천합니다. 그리고 새는 좋으면 머물고 싫으면 떠나는 이 진법적인 단순한 삶을 살기 때문에 세상에서 가장 스트레스가 적은 동물이라고 합니다. 그러니 행복하고 병도 적다고 합니다.

아프리카 사람들은 가진 것은 적어도 자주 웃고 즐겁게 산다고 합니다. 유목민들은 철저하게 소유를 조절하면서도 행복지수가 높다고 합니다.

그러나 최근의 딱따구리의 눈에는 눈물이 글썽입니다. 멸종위기로 가는 것이 안타깝겠지요.

우리 식물의 주권 🍃

수년 전에 국립수목원에서 우리 식물 이름 바로잡기 캠페인을 벌였습니다.

그 대표적인 내용은 미선나무, 개나리, 히어리 같은 우리 특산식물의 이름은 우리 발음대로 부르기, 소나무는 Japanese Red Pine을 Korean Red Pine으로, 벚나무는 Japanese Cherry Blossom을 Orient Cherry

Blossom으로 하자는 것이었습니다.

사실 우리는 아직 나무 이름에 신경 쓰지 못할 때 여러 가지 식물 주권을 빼앗긴 아픈 역사를 갖고 있습니다.

수많은 우리나라 나무의 이름에 나카이를 비롯한 외국인의 이름이 등록되었습니다. 나쁜 나무 이름의 예를 살펴볼까요?

- 섬초롱꽃에 붙은 다케시마: 다케시마는 독도를 지칭하는 말입니다. 울릉도 특산의 아름다운 섬초롱꽃에 붙은 이 이름을 볼 때마다 한숨이 나옵니다.
- 금강초롱꽃에 붙은 하나부사: 을사늑약의 공적(公敵)인 하나부사가 금강산 특산의 이름이 되다니 참으로 어처구니가 없습니다.
- 구상나무, 미스김라일락, 나리구근 등: 우리의 고유종임에도 외국인이 먼저 등록하여 우리의 식물 주권을 빼앗아 간 사례입니다.

금낭화는 약용으로나 관상용으로나 인기가 있는 식물인데, 이러한 것들을 잘 개발하여 새로운 가치를 창출하면 좋을 것입니다.

수년 전 신종독감이 유행할 때 스위스 제약회사인 로슈사가 중국에서 수입한 팔각회향을 원료로 타미플루란 약을 만들어 엄청난 이익을 냈지만, 원료 수출국에는 아무 혜택도 없었는데, 이것은 너무 불합리하다는 결론으로 2014년 나고야의정서를 체결하였습니다.

세계 굴지의 제약회사를 보유하고 있는 미국·영국·독일·일본·프랑스 등 선진국 5개국은 가입하지 않고 있지만, 이를 계기로 식물 주권에 대한 인식이 날로 높아지고 있는 현실입니다.

인간과 식물의 동병상련

38억 년 전에 바다에서 태어난 생명은 오랫동안 상륙을 꿈꾸어 오다가 드디어 4억 7천만 년 전에 그 도전에 성공한 것은 지의류였습니다. 언제나 태양을 바라보며 햇빛을 마음껏 쏘여 보는 것을 동경해 왔었는데 드디어 그 꿈이 이루어진 것입니다.

균류와 조류의 컨소시엄인 지의류란 이름으로 상륙한 이유는 조류는 건조한 육지에서 단독으로 수분을 보관할 기관이 없었고 균류는 단독으로 영양을 만들 수가 없었기 때문입니다.

조류는 광합성을 하여 영양을 균류에 제공하고 균류는 수분을 공급해 주는 방식이었습니다. 하지만 그리고 그리던 육지에 올라오자마자 소스라치게 놀란 사실이 있었는데, 그것은 자외선의 공격이었습니다. 그렇게 동경했던 햇빛 속에 그런 독성이 있었을 줄이야. 자외선은 지상에 내려와서 독성이 강한 활성산소를 생산하여 무자비하게 세포를 파괴하기 때문입니다. 활성산소가 어느 정도 강한 독일까요? 예를 들면 제초제에 활성산소가 불과 3% 들어갔음에도 너무 독해서 풀들이 다 말라 죽을 정도이니, 상상을 초월합니다.

인간에게도 각종 노화를 일으키는 독성물질이 자외선이라는 사실입니다. 여러분! 내 얼굴은 늙어서 보기 흉하지요. 하지만 내 허벅지는 여전히 아이처럼 맑고 탱탱하답니다. 자외선이 저지른 노화 탓입니다.

지금이야 대부분의 자외선은 오존층이 걸러 주지만, 당시만 해도 아직 오존층이 지금처럼 완전하지 않았던 때입니다. 그때부터 식물들은 필사의 노력으로 자외선 대책을 만들기 시작하였습니다. 오랜 진화의 과정을 통해 마련한 식물의 항산화물질은 안토시아닌, 라이코펜, 비타민 A & C, 카로티노이드 등입니다. 인간은 식물이 만든 항산화물질을 섭취함으로써 다행히도 살아남을 수 있는 것입니다.

인간이 직접 만든 항산화물질도 있기는 합니다. 무엇일까요? 멜라닌입니다. 피부에 자외선의 파괴를 최소화하기 위한 물질입니다. 지금도 자외선의 횡포는 계속되며, 인간과 식물은 그 파괴로부터 살아남으려는 노력을 계속하고 있습니다.

기주특이성과 참나무 🌿

누에나방의 애벌레는 뽕나무과의 잎이 없으면 다른 잎이라도 먹을까요? 아니면 죽을까요?

죽습니다. 곤충들은 초기에 모든 식물의 방어물질을 해독할 수는 없었습니다. 그래서 몇 가지 식물을 골라서 해독하는 방향으로 진화해 왔습니다. 그 때문에 오늘날 곤충마다 먹을 수 있는 나무가 정해져 있습니다. 지구상의 등록된 곤충은 80만 종이고 그중 50%가 초식동물이며, 초식의 80%가 기주특이성을 갖고 있습니다.

나무마다 평균 몇 가지의 초식 곤충이 의지하고 있습니다만 예외가 하나 있습니다. 그것은 참나무입니다. 참나무에 의지하고 있는 곤충은 보고된 것만 300여 종이고 어떤 학자들은 1,000종이 넘을 거라고 주장하기도 합니다.

여기 이 참나무가 보이지요. 8월경 수십만 마리의 벌레들이 새까맣게 수피에 달라붙어 수액을 빨고 있는 모습을 볼 수 있습니다. 장관입니다. 그러니 생태계에서 보통의 나무들이 사라진다면 곤충 몇 가지만 더불어 사라지겠지만, 참나무의 경우에는 생태계 살림살이 자체가 아예 어려워집니다.

KBS 일기예보를 듣는 민들레

유액
벌레들이 싫어하여 접근하지 않습니다.
침입하는 병원균을 죽입니다.

뿌리
• 지상부의 잎이 건강하다.
• 통기성이 좋은 흙이다.

- 흙에 수분이 많다.
- 한자리에서 몇 년 산다.

이 네 가지 조건을 충족시키면 수 미터까지 자란다고 합니다.

구상 솜털

속이 빈 꽃대가 날씨가 건조한 때를 골라 재빨리 올라와 날려 보냅니다. 지표면은 습도가 높기에 가능한 한 높이 올려 디아스포라 목적을 달성합니다. 좋은 날씨를 택하는 것은 KBS 일기예보를 듣기 때문은 아닐까요.

꽃이 피고 지는 자극

보통 꽃들이 피고 지는 데에는 온도나 빛 같은 자극이 필요합니다. 민들레의 경우에는 꽃이 피는 데 필요한 자극은 온도가 올라가고 빛이 닿아야 합니다. 꽃이 핀 다음 정확히 10시간 후에 꽃이 집니다.

꽃의 개폐 운동

튤립은 10일간 매일 개폐하지만, 민들레는 3일간 매일 개폐합니다. 개폐할 때마다 꽃잎이 약간 늘어나서 3일 후에는 꽃이 커집니다.

번식 속도

국화과, 두상화로 하나의 꽃에 다섯 개의 꽃이 있고 꽃마다 200개(서양민들레)나 100개(토종)의 씨앗이 열립니다. 싹이 나서 씨앗이 날아가기까지의 완사이클은 3개월입니다. 서양은 1년 내내 여러 차례 꽃이 피지만, 토종은 단 한 차례뿐입니다. 토종은 자가불화합성이지만 서양은 충매화이기도 하지만 한편 수분 자체가 필요 없는 단위생식을 하므로 번식 속도가 비교할 수 없을 정도로 빠릅니다.

1억 년 계속되는 꽃의 첫사랑 ✎

1억~1억 5천만 년 전에 나타난 속씨식물의 등장으로 오늘날의 꽃이 시작되었습니다. 하지만 크기는 1㎜ 정도로 아주 작았으며 초기에는 수분을 겉씨식물처럼 바람에 의존하였습니다.

하지만 바람에 의존하는 것은 여간 불편하지 않아서 다른 방법을 궁리하던 차에 딱정벌레목의 풍뎅이가 처음으로 꽃에 접근하였습니다. 옛날 초가집 지붕을 이으려고 지붕의 짚을 벗기면 보이는 큼직한 애벌레들이 풍뎅이의 유충입니다.

'충매화'란 말이 탄생하는 위대한 순간이었습니다. 이후로 서로 잘 보이려고 화려하게 진화했습니다. 하지만 풍뎅이의 크기는 꽃처럼 커졌지만 생김새는 별로 나아진 건 없는 것 같습니다. 사실 꽃의 입장에서는 잘생기고 못생긴 것을 따질 때가 아니었습니다. 충매화로의 출발이 중요했기 때문입니다.

목련꽃을 보면 그 옛날의 모습 그대로 지금도 풍뎅이에 특화된 모습을 간직하며 변함없는 사랑을 이어 오고 있고, 또 양귀비꽃을 비롯하여 속씨식물 34개 과 중 적지 않은 종(種)이 딱정벌레목(곤충 중에서 가장 많은 수이며 40만 종이 등록되어 있지만, 학자들은 800만 종이 넘을 거라고들 합니다)에만 의존하는 쪽으로 진화됐습니다.

하지만 풍뎅이는 인간과는 잘 사귈 생각이 없는 듯합니다. 보통은 기주특이성이 있는 데 반해 풍뎅이는 43종의 여러 종의 식물을 먹을 수 있는데, 그 대부분이 경작물이라서 인간에게 큰 피해를 주고 있기 때문입니다.

○ ● ○

축복과 눈물

이 한 권의 책 🍃

매일 해설할 때마다 들고 나간 책이다.

처음에는 산림녹화 사진을 몇 장 들
고 나갔는데 우연하게도 이 책을 발견하
고 이 책에 있는 사진을 보여 주는 것이
훨씬 임팩트가 강하여 애용하게 된 것이
다. 나의 해설의 중심에 산림녹화의 기적
이 있고 그 중심에 산림청의 피땀이 배어 있다.

베토벤 스토커 🍃

내게 많은 행복을 선사한 9번 4악장에 반한 것은 20대 초반. 들어도
들어도 늘 행복해지는 그 노래, 그래서 잘 때면 늘 틀어 놓았고 한가한
때면 으레 듣는 것이 평생의 습관이 되었다.

그렇게 동경하던 베토벤을 찾아볼 기회가 우연하게 찾아왔다. 간절한 기도가 이루어졌는데, 80년대 초에 뜻밖에도 뮌헨을 자주 갈 일이 생긴 것이다. 실리콘 컴파운드를 만들 원료를 구매할 겸 기술 지도를 받기 위해서였다. 이 절호의 기회를 놓칠 리가 없었다. 출장 갈 때마다 하루 이틀 시간 내어 그의 자취가 배어 있는 곳이라면 어디든 찾아다녔다. 본의 생가, 빈의 살던 집들, 중앙공원의 무덤, 산책하던 숲길들을 찾아가 보는 것이 일생의 큰 즐거움이었다. 하일리겐슈타트의 숲에 가서는 베토벤의 산책 흉내를 내 보기도 하는 등.

그러기를 50년, 조금도 빛바램이 없이 지속하는 동행이다. 몇 년 전 해설가의 안목으로 다시 6번 교향곡이 탄생한 하일리겐슈타트 숲길을 찾아가 보았으나 크게 실망하였다. 고즈넉한 숲길에 집들이 들어차서 그 옛날의 정취는 사라졌다. 베토벤은 오늘날 나의 해설을 풍요롭게 해주는 고마운 분이다.

나의 해설 속의 사랑 🍃

울지 마 톤즈

우리나라에도 이렇게 훌륭하신 성자(聖子)가 있으셨다는 사실에 놀랐고, 애절하게 마감하신 그 아름다운 생애에 또 놀랐다. 오늘날 숲을 설명하는 나의 이야기의 뿌리는 신부님의 이야기이다. 나의 숲은 그런 이야기를 간직하고 있는 위대한 곳이다.

숲은 사라지고

40여 년 전 내가 합정동에 살던 때 자주 가던 곳, 양화진 외국인 선교사 묘지. 멀리 이사하는 바람에 오랫동안 못 가다가 최근에야 가 보고 망연자실하였다. 울창한 숲속에 군데군데 초라한 묘들이 여기저기 흩어져 있어서 절로 숙연한 분위기를 자아냈고 이웃의 절두산 유적지와도 잘 어울리는 분위기였던 그 옛날의 모습은 온데간데없이 사라졌고, 어울리지도 않는 멋없는 교회가 덩그러니 서 있는 입구를 지나 들어서니 휑하니 펼쳐진 잔디밭 한구석에 잘 단장된 화려한 묘들이 모여 있는 마치 최근의 어느 귀족 가문의 묘지 같았다.

아펜젤러, 언더우드, 로제타 등 헤아릴 수도 없이 많은 분의 그 숭고하신 묘역을 누가 이리 망쳐 놓았는지 분노가 치밀었다. 개발이 아니고 파괴 그 자체였다. 나는 그 옛날의 그 예쁜 숲속의 누추한 곳에 잠들어 계시던 그 겸손한 모습의 묘지를 내 맘속에 귀하게 지켜 주고 싶다. 그리고 그 무한(無限)하신 사랑도 영원히 기억하고 싶다.

케렌시아 🍃

평생 친구처럼 지낸 취미들이 있다. 바둑, 당구, 블랙잭, 드럼, 골프 등 웬만한 오락은 한때 내가 푹 빠졌던 곳이다. 하지만 숲해설가를 하면서 드디어 진정한 취미를 발견하였다. 위대한 발견이다. 독서! 숲에 관한 많은 생각을 찾아다니다 보니 이제는 하나의 습관이 되어버렸다. 수집된 생각들을 모아 발표하는 것도 큰 즐거움이다. 광화문 교보

문고, 동네도서관들, 국립도서관, 후쿠오카 현립도서관 등 시간 날 때마다 돌아다닌다. 평가받을 필요 없기에 남을 의식할 필요도 없다. 취미는 나만의 케렌시아!

살아 있는 모든 생물에게는 케렌시아가 필요할 것이다. 스트레스 없는 생물은 없을 것이기 때문이다. 그 오랜 시간의 진화 과정을 통하여 분명 확보했을 것이기에 각각의 케렌시아가 어디인지 궁금하다.

60대의 노력은 배신한다고? 🍃

2011년 12월 추운 어느날, 국립수목원의 숲해설가 입사 시험이 있다기에 양복, 와이셔츠, 넥타이 그리고 구두를 모두 새것으로 준비하여, 나름 있는 대로 가꾸고 시험장에 가 보았는데,

'아! 이 동네는 잘못 왔구나.'

라고 직감했던 것은 다른 응시자는 모두 등산복 차림으로 왔었기 때문이었다. 완전 이방인 느낌! 하지만 나는 몇 번 이런 경험을 하였다. 교사에서 의류 수출 세일즈맨으로, 또 거기서 화학 제조회사 사장으로, 또 미국에서 의료기 사업으로, 모두 나름 성공적이었던 실적이 있었다.

'내가 숲에 온 것은 神의 뜻이다. 드디어 적성에 맞는 곳으로 안

내되었다. 마지막으로 이 길에서도 나를 불태울 어떤 니치(niche)
가 분명히 있을 것이다.'

그래 왔던 것처럼 긍정 마인드로 최면을 걸고 잠시 들여다보았고, 노
력했다. 누구는 '60대의 노력은 배신한다'라고도 했지만, 배신하면 어
떠랴. 그냥 사랑하고 땀 흘리면 그 자체로 가치가 있지 않을까? 작정하
고 뜻하는 대로 그 길을 제대로 찾아가는 인생이 얼마나 있겠는가.

애초 행운은 아니었지만, 행운으로 만들면 그만 아닌가?

축복과 눈물

축복

13년간 천국과 같은 수목원에서, 또
이렇게 좋은 사무실에서 근무한 것이
생애 최고의 행운이다. 창 너머 맑고
가느다란 실개천이 졸졸 소리 내어 흐
르고 그 건너에는 1,000년 숲이 우람
한 모습으로 서 있다. 청도요, 백로,
물총새 등 때마다 나타나는 새들의 공
연을 감상하며 13년을 보낸 것에 감사
한다. 아쉽게도 2024년에 신축한 새

사무실로 이사하면서 더는 그 공연은 볼 수 없게 되었다.

눈물

매년 연말이 되면 짐을 싸서 철수하고, 새해 1월 2월은 전문업체에 지원하여 선발에 합격하는 일, 그리고 일단 합격하면 전문업체가 조달청의 입찰에 성공하기를 기다려야 하는 두 번의 고개를 넘는 작업을 해야 하는 시즌이다. 최종 합격을 한다 해도 불과 9개월 정도 근무한 후 다시 어렵고 고달픈 응시가 되풀이된다.

비 오는 숲길

비 오는 날의 숲길을 걷는다.
빗소리에 취해 하염없이 걷는다.
세상 시름들이 멀리멀리 사라진다.
비를 맞으면 숲속 살이 열린다.
삶도 죽음도 그 경계가 허물어진 신세계를 나는 걷는다.
생명수 축복에 취한 나무들의 즐거운 노랫소리가 들린다.
그 많던 자연의 소리도 숨죽여 조용한데
생명의 소리만이 가득한 숲길을 걷는다.
사목(死木)들도 생명수의 축복에 함께 춤춘다.

첫 영어 해설의 추억 🌱

2012년 7월 말경 영어 해설 예약이 들어왔다. 직전 산림청장께서 영남대학교 새마을 대학원 학생 30명을 데리고 8월 하순에 수목원을 방  문하니 오전에 3시간 해설을 준비하라는 내용이었다.

2012년 2월 입사 이후부터 열심히 준비하기는 했지만 잠을 이룰 수 없을 정도로 긴장되었다. 아프리카 30개국 각국에서 1명씩 선발하여 국가 차원에서 영남대학에서 석사 과정 공부를 시켜 준다는 것.

'중앙로 50분 → 박물관 20분 → 열대식물원 30분 → 전나무숲길 60분 + 휴식 20분'으로 짜고 기본 콘텐츠를 선정한 후 매일 2회씩 연습을 하였다. 나는 일본어는 유창한 편이지만 영어는 서툴기 짝이 없었기에 정말 열심히 원고를 외웠다. 내가 성인이 된 후 그토록 집중하여 밤잠 설치며 준비한 것은 처음 있는 일이었다.

당연하게 원장님이나 과장님, 연구사님들 모두 해설에 참여하는 대규모 행사였는데, 어떻게 해설을 진행했는지 기억에도 없을 정도로 정신이 없었다. 몇몇 학생이 질문을 해 왔지만, 전혀 알아듣지 못할 정도로 긴장했었다. 해설이 끝나고 회의실에서 다과회를 가질 때 영남대학 모 교수님이 소감을 말하였는데,

"산림 문화나 역사를 중심으로 3시간을 지루하지 않고 즐겁게 해설한 것은 신선한 충격이다."

라고 칭찬해 주었다. 얼마나 신경을 썼던지 나는 이후 며칠간을 앓아 누웠었다. 이후 해설할 때마다 서투른 영어로 고생고생하였기에 10여 년간 500여 회 경험을 한 지금에도 영어 해설은 여전히 크나큰 부담으로 다가온다.

13년 동안 가장 기억에 오래 남을 일 🌿

The worst

2020년 코로나가 한창 심하던 바로 그해, 피치 못할 사정이 생겨서 위탁업체를 바꾸어야만 했다. 결집력이 약한 해설가들을 이끌고 위탁업체를 바꾼다는 것은 제도상 본시 불가능에 가까운 일임에도 무모한 도전을 하지 않을 수 없었다.

당시 20명 정원이 다음 해 2021년도에 15명으로 줄어드는 바람에 5명을 탈락시키는 과정에서 일어났던 어려웠던 일들, 그리고 어렵게 15명을 확정시킨 후 뒤늦게 15명에서 탈퇴하겠다는 사람이 생겨 당황했던 일 등 악몽에 시달렸던 최악의 한 해였지만 해설가들의 자존심을 지켜낸 것은 보람이었다.

The best

2016년도 가을에
산림청에서 주한 각
국 대사 60여 명의
초청행사를 2회에 걸
쳐서 했는데, 그 행
사의 야외 영어 해설
2시간씩을 모두 내

가 담당하여 산림청장의 표창을 받았던 일. 특히 코스타리카 대사는 나
를 본국으로 초청하겠다는 편지를 보내왔었다(물론 정중하게 사양했지
만). 이 해설 영상이 며칠간 산림청 홈페이지 첫 화면을 장식하였었다.

유튜브(u-tube) 139편

한때 인문학의 전도사가 된 듯한 인식에 사로잡혔던 때가 있었다. 나
의 장점은 어딘가 집중하면 미쳐 버린다는 것이고 단점은 그리 오래 미
치지는 못하기에 어설프게 끝나기가 일쑤란 사실이다.

해설가 생활이 조만간 끝날 것이란 예감이 들어서, 내가 그동안에 경
험한 모든 것을 후배들에게 남기고 떠나자는 생각에 2015년부터 유튜
브를 시작하였다. 매주 10~15분짜리 한 편씩 3년 동안 150편을 올리
는 것을 목표로 시작하였다. 일단 친구의 도움을 받아 약 10시간 동안
영상 편집 기술을 배웠다. 여기저기 국내외를 다니며 촬영을 도와준 집

사람과 여행도 많이 하는 계기도 되었다.

　10분짜리 한 편의 영상을 찍기 위해 몇 시간의 준비가 필요하고 편집을 위해서도 또 몇 시간이 걸리는 만만하지 않은 작업의 연속이어서, 갈수록 피로도가 쌓여 결국은 150편을 다 채우지 못한 채 끝내고 말았다. 하지만 가끔 아카이브를 열어 보며 어떻게 이렇게 에너지 넘치는 작업을 할 수 있었는지 스스로 멋져 보이는 미소를 짓게 만든다.

국립수목원의 자랑

- 대통령 나무들
- 소리봉 학술보존림
- 졸참나무 단풍
- 느티나무숲
- 종 다양성과 유네스코
- 전나무숲길
- 산림녹화 성지
- 광릉요강꽃 등 이름에 광릉이 들어간 것 12가지
- 하늘다람쥐 등 천연기념물 20가지
- 낙우송 기근 수생식물원
- 10월의 복자기와 비술나무
- 계수나무 향기
- 겨울의 청도요

- 5월의 생태관찰로의 으름꽃 향기
- 육림호의 물안개
- 연리목 구상나무
- 서어나무 잣나무 연리목
- 데칼코마니 목련
- 비에 씻긴 바람을 타고 오는 전나무 향기
- 노거수 10그루

사라져야 할 운명의 졸참나무숲 단풍

전나무숲길 입구 대통령 조림지 뒤편의 산 정상에 있는 80년 수령의 졸참나무 자연 숲의 10월 단풍은 단연 압권이다. 보는 이마다 경탄을 자아내게 하는 오묘한 컬러 페스티벌이다. 그것은 세계적으로  도 희귀한 자연림이기 때문에 다른 곳에서는 보기 어려운 장관이다.

이 숲 앞에 있는 전나무들의 키가 5년 정도 더 자라면 졸참나무숲을 가리고 말 것이다. 안타까운 일이다. 대책이 아예 없는 것은 아니다. 25m 높이의 스카이워크를 100m 정도 설치하면 될 일이다.

아! 소쇄원 🌱

소쇄원 미니어처가 박물관에 있기에 지나칠 때마다 우리 정원에 대하여 자랑삼아 해설한다. 사오백 년 전의 작품이 이토록 멋질 수가 있나 믿을 수 없어서 담양 현장을 방문하였는데, 전체적인 구성과 디테일의 놀라운 멋에 너무 놀라서 말문이 막힐 지경이었다.

LA 부근의 수목원 헌팅턴 라이브러리의 한가운데 실물 크기의 일본 정원이 자리하고 있어서 놀랐는데, 더 놀라웠던 것은 거기에 사람들이 제일 붐비고 있었기 때문이었다. 그리고 런던에 있는 큐가든 한가운데에도 일본 정원이 자리 잡고 있어서, 자세히 알아보니 여기저기 세계 수목원에서 흔하게 접할 수 있는 것이 일본 정원이었다. 그러니 정원 하면 일본 정원을 그릴 수밖에 없는 것. 이미 150여 년 전쯤에 독지가들이 세계 도처에 도네이션하여 오늘날 일본의 정원 이미지를 구축한 것이다.

세밀하고 정교하게 작은 부분까지도 다듬어서 질서 정연한 모습의 일본 정원은 우리의 정원 사상과는 아주 다르다. 소쇄원에서도 볼 수 있듯이 '자연은 관리의 대상이 아니라 더불어 살아가야 하는 친구'란 우리의 정원 철학은 그 어느 나라보다도 우수한 자연미 넘치는 멋진 전통이다. 소쇄원을 센트럴파크 한가운데에 지으면 어떨까, 상상해 본다.

죽음을 생각해 본다 - 사목(死木)은 살아 있다! 🖊

죽음이 그리 멀지 않은 나에게는 뭐든 예사롭게 보이지 않는다. 7~8 년 전 중앙로 변에 있던 30~40살은 돼 보이는 싱싱하던 느릅나무가 5 월 어느 날 갑자기 잎이 시들며 축 늘어지는 것이 아닌가? 자살하는 나 무가 있다는 소리는 들어 보았지만, 영문도 모르게 갑자기 나무가 죽어 가는 것은 무슨 이유일까?

생활고? 이웃이 맘에 안 들어서? 환경이 맘에 안 들어서?
미래가 절망이라서? 우울증?

흥미를 갖고 관찰하리라 마음먹었는데 무슨 이유인가 바로 잘려 나 갔다. 당황스러웠지만 한편으로는 '나도 저렇게 사라질 수는 없을까?' 하는 생각이 들었다. 미국의 스콧 니어링은 100살이 되던 해에 스스로 곡기를 끊고 편안하게 죽었다고 한다. 이처럼 구차한 모습 보이지 않고 품위 있게 스스로 죽을 수는 없을까? 하지만 안타깝게도 내게는 그런 용기가 조금도 없으니 추한 죽음은 불을 보듯 자명한 일이다.

5~6년 전 어느 여름날 100살은 족히 돼 보이는 침엽수원의 잣나무 가 갑자기 핏기 없이 창백해졌다. 그러더니 그 높은 나무가 비스듬히 기울기 시작하여서 위태위태해져서 잘라 버렸다. 나도 누군가가 잘라 주면 좋으련만, 죽음이 두렵다기보다 죽음을 앞둔 추태가 두려운 것 이다.

나무들은 죽은 후에도 최소 100년간 그동안 동고동락했던 이웃들에

게 많은 선한 자비를 베푼다. 그래서 사목(死木)은 살아 있다고들 말한
다. 그렇게 죽은 후에도 좋은 일은 할 수 없지만, 동고동락했던 이웃들
에게 폐나 끼치지 말고 조용히 사라졌으면 좋겠다.

2부

흥미진진한
진화의 발명품들

※ 국립수목원에서는 2022년부터 수준 높은 해설을 지향하며
몇 가지 주제해설을 설정하였는데 그 베이스에 진화 스토리를
비롯한 여러 요소가 필요하게 되어 약 3년간 수집한 자료를 해
설에 적용하기 쉽게 정리해 보았다. 많은 다양한 연구와 학설
들이 있어서 절대적인 정답을 찾기는 어려웠지만 가장 보편적
인 주장을 간략하게 썼다.

우주와 지구

※ 최근에 제임스웹을 비롯하여 많은 첨단 망원경이 등장한 덕분에 새로운
  사실이 속속 밝혀지고 있으므로 앞으로 우주에 관한 지금까지의 학설이
  많이 변경될 것으로 예상된다. 예를 들면 우주의 나이는 138억 년이 아
  니라 270억 년이라는 주장, 또 처음 등장했을 때 말도 안 된다는 비판을
  받았으나 시간이 감에 따라 정설로 자리 잡은 빅뱅 이론조차도 다시 생각
  해야 한다는 등이다.

  우주는 138억 년 전 빅뱅으로 태어났고 4억 년 후 핵융합으로 별과
빛이 태어났고 90억 년 후 은하가 탄생하면서 태양계도 나타났다. 은
하군이 모여 은하단이 되고, 나아가 10만 개 이상의 은하가 존재하는
초은하단이 있다. 가장 먼 은하는 상상을 초월하는 336억 광년 거리이
다. 태양계는 50억 년 전에 형성되었다. 태양은 태양계의 99% 질량을
차지한다. 태양의 수명은 170억 년이다(하지만 최근의 보고에 의하면
또 다른 우주가 수백억 년 전에 태어났다고 한다).

  둘레 40,000km, 지름 12,750km, 70%가 바다인 지구는 45억 6,000
만 년 전에 소행성들의 충돌로 태어났고, 초기에는 불덩어리였고 크기

도 지금의 10분의 1이었고 하루도 18시간이었다. 10억 년간 점차 식어서 지각이 형성되었고, 비가 내리고 바다가 형성되어 생명 탄생의 환경이 조성되었다. 태양과의 거리가 적당하다는 우연은 지극히 행운이다. 지구는 자기관리가 철저하여 평균온도 15℃, 산소농도 21%, 해수 염분농도 3.4%를 유지한다.

불가능한 확률

기적 중의 기적 🌿

생명이 지구에 탄생할 확률

- 25m 길이의 풀(pool)에 손목시계를 분해하여 던져 놓고 섞은 다음에 자연적으로 그것들이 조립되어 움직일 확률.
- 원숭이가 타자기를 마구 두드려서 소설『햄릿』이 될 확률.
  이것이 생명이 지구에 탄생할 확률이라고는 하지만 제로(zero) 확률은 아니다. 그러나 기적 중의 기적 아니겠는가?

우주에 생명이 있을 가능성

그렇다면 우주에 생명이 있을 가능성은 얼마나 될까? 우주에는 10의 22승(1,000억의 1,000억 배)의 항성이 존재한다. 여기에 지적인 생명체까지는 아니라도 세균 같은 단순 생물의 존재 가능성은 매우 높다고 한다. 생명이 있을 가능성이 있는 별은 우리은하에만도 최소 1,000개는 넘을 거라고도 하지만 풀(pool)의 손목시계, 또는 소설『햄릿』의 확률이라면 우주에 생명체가 있는 곳은 지구뿐일 거라는 생각도 든다.

이러한 거의 불가능한 확률의 생명 탄생은 지구라는 행성의 최대 기적이다. 지구가 형성된 지 8억 년이 지난 38억 년의 일이다. 최초 딱 한 개의 세포가 우연하게도 지구에 나타난 것으로 그 세포의 주위에 많은 미완의 세포들이 있었는데 환경이 변하면서 세포로서 성립해 간 것이다.

영양 쟁탈의 어려움을 피해서 집단에서 이탈하는 세포가 살아가기가 수월하다는 점 때문에 '변화와 선택'이 반복되면서 다양한 세포가 생겨난다. 또 죽은 세포가 분해되면서 새 생물의 재료가 되기도 하고 모든 것이 재구성되는 진화가 진행되었다. 지구에 생명이 탄생한 가장 중요한 이유는 태양과의 적당한 거리를 두고 있어서 유기물이 얼지도 않고 뜨겁지도 않은 적당한 온도를 유지하고 있기 때문이다. 행운이었다.

원시의 지구

원시의 지구는 지금과는 매우 달랐다. 막 태어났을 때는 크기도 지금의 10분의 1 정도였고 용암이나 유산가스가 분출되고 강한 방사선과 자외선이 우주로부터 내리쏟고 있어서 생명체가 살 수 있는 곳은 아니었다. 그러나 이런 상황은 화학반응을 일으켜 여러 유기물이 만들어져 축적되었다. 유기물은 생명을 구성하는 가장 기본물질로, 그중에는 단백질의 재료가 되는 당이나 염기가 포함되어 있다.

이렇게 재료가 갖추어졌다 해서 생명체가 탄생하는 것은 아니다. 최대의 관건은 자기복제 시스템이다. '살아 있다'는 것은 DNA라는 물질을 사용하여 자신의 유전정보를 다음 세대에 전달하고 있다는 것을 의미하며, 이것은 모든 생물에 적용된다. 최초의 생물은 유전물질 그 자체라 해도 좋을 만치 단순한 물질이었다.

생물과 무생물 🌱

'단독으로 존재할 수 있고 스스로가 증식할 수 있는가?'

이것이 생물과 무생물의 다른 점이다. 지구상의 최초 생물로 모든 생물 중에서 가장 심플한 것으로 크기는 수 마이크론(1마이크론=1,000분의 1㎜)에 불과한 세균(박테리아)은 지상 최다(最多)의 생물이며 지구환경과 생태계 유지에 1등 공신이다. 그들은 크기보다는 개체 수 증진에 주력하며 자기들의 집인 흙을 좋은 환경으로 만들려고 노력하고 있다.

땅속에 있는 그들은 생체물질(=유기물)을 분해해서 그때 나오는 에너지로 살아가는데, 그때의 부산물은 식물에 꼭 필요한 단백질이나 핵산의 재료가 되는 인이나 질소화합물 같은 무기물이다.

또 어떤 세균은 공기 중에 다량으로 존재하는 질소를 직접 이용하여 질소화합물을 만들어 내기도 한다. 또 어떤 것은 우리들의 장 속에서 소화를 돕고 있기도 하다. 이처럼 지구 생물의 토대를 지탱하고 있는 대선배이다. 간혹 그중에는 병원균도 있기는 하지만 극히 일부에 지나지 않는다.

세균보다 더 작은 바이러스는 수십 나노미터(1나노미터 = 100만분의 1㎜)로 숙주인 세포에 기생해서 자기 복제를 하지만, 몸이나 에너지를 만드는 데 필요한 단백질을 만들 수 없다.

처음 생명이 태어난 곳 🌱

46억 년 전 등장한 지구는 이후 생명이 출현하기까지 8억 년 동안 표면은 고온으로 끓고 있었는데, 서서히 식어 가며 핵산이나 단백질 같은 물질이 축적되어 가며 생명 탄생의 환경을 만들었다. 처음 생명이 태어난 곳은 심해라고 주장하는 사람들이 많다.

지금도 열수 분출공 부근의 심해저에는 분출되는 열수에 포함된 유화수소 등의 무기물을 이용해서 영양분을 합성하는 화학합성 세균과 그들이 만들어 내는 양분을 흡수해서 살아가는 생물들이 심해 생태계를 형성하고 있다. 그들이 원시지구에 최초로 나타난 생물은 아닐지라도 공기 중의 산소나 빛이 없는 심해저에서 살아간다는 사실은 그러한 장소에서 생명이 발생해서 발전했을 가능성을 방증하는 것이다.

본격적인 진화의 길

대사와 진화 🌱

진화는 시간과 함께 생물의 성질이 변해 가는 것이며, 세대를 넘어서 지금까지 없었던 성질이 나타나는 것이다. 현존하는 모든 생물은 모두 진화가 가능하다. 만일 유전물질의 복제가 완전히 일치하면 진화는 일어나지 않는다. 복제가 불완전할 때 진화가 일어난다. 진화한다는 생각은 19세기 들어서 시작되었고, 그 이전에는 사람들이

"모든 생물은 옛날부터 현재 모양대로 살아왔다.
시간이 지나면서 변한다는 생각은 신성모독이다."

라고 생각했다. 여기에 다윈의 자연선택설은 교회의 거센 반발을 불러왔지만, 이후의 연구들이 그것을 입증함으로써 정리되었다. 하지만 아직도 여전히 진화론을 부정하며 창조론을 고집하는 종교 중심적 주장이 우세한 주들이 미국에 여럿 있다.

진화 = 유전 + 변이

생명이 그 역할을 계속하기 위해서는 작은 공간에 유전물질을 가두고 거기서 대사(代謝)를 행할 필요가 있다. 현재 모든 생물은 (바이러스 제외) 세포막이라 불리는 막에 둘러싸인 작은 방(세포)에서 생긴다. 세포막은 외부와의 경계이므로 최초의 생물부터 이런 구조로 출발하였다.

최초의 공존

미토콘드리아의 선조(= 산소 호흡을 담당하는 세포)는 더 큰 단세포 생물에 먹혔는데 그 속에서 소화되지 않고 산소호흡을 하여 계속 에너지를 생산해서 도와주었고, 미토콘드리아로서는 더 이상 다른 단세포의 공격을 받을 일이 없으니 훌륭한 상리공생(相利共生)이 출현한 것이다.

진핵세포의 등장

지구상에 최초로 등장한 세균(박테리아)을 원핵생물이라고 하는데, 그 나이는 무려 38억 년에 이른다. 이것은 핵이나 미토콘드리아 같은 소기관을 갖지 않은 세포로 워낙 단순하여 증식 속도가 느리지만, 적응

능력이 우수하여 지구상 구석구석에 살면서 지구환경의 토대를 이루고 있다.

원핵생물인 세균은 지구상에 나타난 최초의 생물로 가장 심플한 구조로 어떤 환경에서도 최적화하여 살아남았을 뿐 아니라 최대의 번영을 누려 온 생물이다.

가장 단순한 구조라는 세균의 게놈을 현대과학은 아직 규명하지 못하여 여전히 베일에 싸여 있다. 광합성이 가능하고 산소를 이용하여 유기물을 분해해서 에너지를 얻는 것도 있다. 다재다능한 이 박테리아를 잘 활용하면 환경 · 식량 · 건강 문제들을 해결할 수 있는 실마리가 될 수도 있어서 관련 연구가 활발하다.

세균(박테리아)이 다세포화를 걷지 않은 이유 🌿

그들은 몸집을 불리기보다는 개체 수 증진에 주력하였다. 사이즈가 작아 분열에 많은 시간이 걸리지 않고, 새 환경에의 적응도 빨라 격변하는 환경에서 세포 발생 확률이 높다. 예를 들면 대장균은 30분에 1회 분열하는데, 이것은 1일 280조 개에 이르며 그대로 놔두면 지구를 덮어 버릴 어마어마한 수량이다.

- 35억 년 전에 광합성이라는 대혁명이 일어나며 오렌지색의 지구가 청록색으로 바뀐다.
- 20억 년 전 산소 호흡으로 에너지를 생산하는 미토콘드리아 대혁

명이 일어난다. 인간의 세포에도 2,000개가 넘는 미토콘드리아가 있다.

원핵생물의 두 메이저 변화 🌱

공생에 의한 진핵생물의 탄생

진핵생물은 원핵생물보다 더 크고 DNA를 핵에 보관하며, 산소 호흡이 가능한 미토콘드리아나 광합성이 가능한 엽록체와 공생하고 있다. 그 공생 덕분에 오늘날의 모든 진핵생물은 미토콘드리아를 갖고 산소 호흡을 하고 있다. 한편 엽록체는 광합성에 의해서 산소와 영양을 만드는 세균인데, 이들의 공생이 식물세포가 된다.

다세포화

(지금부터 10억 년 전 = 생명의 탄생으로부터 28억 년 후)

생물의 모양이 다양해졌다. 공생으로 등장한 진핵생물은 효율 높게 영양을 만들 수 있었고, 이어서 대변화가 일어났는데 그것은 다세포화였다. 이때의 지구환경은 생물들에 적합하며 현재와도 유사하였다.

구별

- 원핵생물: DNA가 들어 있는 핵이 없다. 박테리아(대장균, 유산균)
- 진핵생물: DNA가 들어 있는 핵이 있다. 단세포 생물(아메바)

지구상에는 여러 번의 빙하기가 있었는데, 최초는 23억 년 전, 빙하기 직후 지구상에 진핵생물이 출현하였고, 다음 빙하기는 약 7억 2천만 년 전과 6억 3천만 년 전인데, 빙하기 직후 다세포생물이 출현하였다. 가혹한 환경에서는 급격한 진화가 이루어진다. 세포 안에 다른 DNA를 가진 생물과 공생하면서 스스로 자기의 DNA를 잘 정리하여 별도 관리하게 되었는데 이것이 진핵생물이다. 에너지를 생산하는 미토콘드리아는 식물뿐 아니라 동물에도 있지만, 엽록체는 식물세포에만 존재한다.

먹어서 체내에서 공생하는 것의 다른 예로는, 아메바와 인간이 있다. 아메바는 몸속에 클로렐라(chlorella)라는 단세포 생물을 먹고 공생한다. 그리고 인간은 체내 공생하는 수백조 이상의 단세포 장내세균이 없으면 살아갈 수 없다.

이러한 공생으로 단세포생물의 진화가 급격하게 진행되었으며 자연계는 법도 윤리도 없는 살벌한 약육강식의 세상이지만, 그 속에서도 공생이라는 전략이 등장하였다.

원핵생물
- 박테리아(bacteria): 유산균, 대장균
- 아키아(archaea): 메탄세균, 가혹한 환경에서 사는 게 많으며 인간의 선조이다. 핵을 갖고 진핵생물로 진화하였다.

그렇다고 해서 모든 것이 같은 방향으로 변하지는 않았다. 새로운 선택을 택할 이유가 없었던 것들도 있었고, 바뀌어 더 활발하고 다양하게 진화한 것들도 있었다. 생물 종이 다양해지면서 그네들이 또 다른 생물들의 활동 장을 제공하고 먹이를 제공하기도 했다.

오늘날에도 심해에 열수가 분출되는 곳(마치 원시 지구환경과 비슷)에서 사는 생물같이 그다지 변하지 않는 환경에서 변하지 않고 그대로 살아가는 것들이 있다.

경쟁에 참가하지 않거나 참가했다가 패배하여 도망친 세포들은 다양하게 변신하는 과정에서 일부는 공생으로 진핵생물이 되었고, 더 발전을 거듭하여 다세포생물로 진화하였다.

단세포의 의미

시대에 뒤처진 박테리아라고는 하지만, 27억 년 전에 태어난 원핵생물은 지금까지도 여전히 그 수를 늘려가며 잘 지내고 있다. 복잡한 진화를 거듭하는 데 비해 단순성을 그대로 간직하며 8,000m 상공에서부터 해저 11,000m까지 몇천만 종이 살아 있다. 시대에 뒤떨어진 패자가 아니라 단순성을 지키며 번영하는 성공자이다.

연두벌레, 짚신벌레는 단세포이면서 복잡한 기관을 진화시켜 고도의 생명 활동을 하고 있다. 살아가는 데는 세포 한 개로 충분하다. 살아가는 의미를 생각하면 높은 지성 따위는 필요 없다. 단세포로 충분하다. '단세포' 더 이상 경멸의 대명사로 불러서는 안 될 일이다.

다세포생물의 출현 🌱

10억~6억 년 전, 최초 미토콘드리아와 합체를 한 후 식물이 되는 세포만이 엽록체를 얻었다고 보인다. 세포 내의 소기관의 분업화로 완성되었다고는 하지만 하나의 세포가 할 수 있는 데는 한계가 있다. 이 한계를 극복하기 위하여 복수의 세포가 협력하는 시스템이 개발되었는데, 그것이 다세포생물이다. 6억 년 전은 대륙 이동의 시기이다.

무리를 지으면 이로운 점
- 방어에 유리하여 약자들이 흔히 이용하는 수단
- 천적에 대한 저항 능력 향상(사향소는 이리에 공격당하면 아이들 중심으로 모여 뿔을 바깥쪽으로 향하여 360도 방어할 수 있게 한다)
- 자기 자신이 당할 확률이 낮다,

세포들이 모이면 이와 같은 효과가 있었을 것이다. 정어리는 연약한 물고기로 수만 마리가 떼 지어 다닌다. 요즘 수족관에서 그들의 토네이도는 제1 인기 쇼이다. 세포도 이처럼 분열을 거듭하며 모여 하나의 몸체를 형성하게 된 것이다. 인간도 약 70조 개 이상의 세포가 모여 형성한 복잡한 대형 다세포생물이다. 그런데 지금도 단세포생물 그대로 살아가는 생물도 많다.

최초의 다세포생물

단세포생물 몇 개가 연결된 것으로 현재도 보이는 것은 볼복스(volvox)라는 식물플랑크톤이다. 식물플랑크톤은 동물플랑크톤에 먹히는 것을 방어하기 위해 몇 개가 모여서 덩치를 키웠다. 처음에는 비슷한 세포끼리 모인 다세포생물이었지만, 이윽고 각각의 세포가 독특한 기능을 발휘하게 되었다. 세포 간의 분업으로 이어져 거대화한 다세포생물은 단세포생물이 진출할 수 없는 여러 가지 환경에 적응할 수 있게 되어 육상에도 진출하고 하늘을 날 수도 있게 된 일대 도약이었다.

경쟁을 멈추고 공생으로 협업이 출발한 것은 22억 년 전의 일이고, 세포 속에 있는 여러 기관이 각각의 역할 분담으로 생명 활동을 이어 갔다.

- 리보솜(ribosome): 단백질 합성
- 골지체(golgi): 단백질을 포장 발송
- 미토콘드리아(mitochondria): 산소 호흡하여 에너지 생산한 세포 내에 수백 개 존재하며 계속 증식
- 세포핵: DNA 저장, 유전정보 보존

세포 내의 한 기관이면서 독자의 DNA를 소유하는 것은 엽록체와 미토콘드리아인데, 이들은 원래 독자적 기관이었다가 세포 안으로 들어간 것이다.

식물의 등장

눈도 귀도 입도 없고 얼굴도 없고 먹지도 못하면서 빛으로 에너지를

만드는 상상 초월의 기묘한 생물이다. 아리스토텔레스는 "식물은 거꾸로 선 인간"이라 했다. 27억 년 전 단세포생물이 세균과 공생을 시작할 때이며, 우리들의 선조인 단세포생물은 미토콘드리아를 받아들여서 공생을 시작하였다.

미토콘드리아는 산소 호흡을 통하여 막대한 에너지를 생산하였으며, 이어서 그중 일부는 엽록체를 받아들였는데, 엽록체도 미토콘드리아처럼 독자적인 DNA를 가진 독립적인 생물이었다. 이것이 식물의 선조이다. 미토콘드리아와 공생할 즈음에는 동식물이 같은 선조였지만, 이후 엽록체와 공생을 시작하면서 동물과 식물이 갈라선다.

세포벽

엽록체를 입수한 식물세포는 태양 빛으로 광합성이 가능하므로 움직일 필요는 없었다. 다만 효과적으로 태양광을 받아들일 구조를 만들면 되었다. 움직일 수 없으므로 병원균 퇴치를 위해 견고한 세포벽을 만들었다. 엽록체가 없으면서 식물세포와는 다른 진화하는 생물 중에서 세포벽을 가진 것이 있는데, 그것은 균류. 균류는 식물이 만든 영양분을 탈취해서 생활해 왔으며 식물과 함께 움직이지 않은 길로 진화하면서 세포벽을 만든 것이다.

한편 동물이 움직이며 돌아다니는 방어적이 아닌 적극적인 공격적인 활동을 하는 데에는 세포벽이 없는 게 편리하였다. 동물과 균류의 비슷한 점은 다른 생물에 의존해서 영양을 섭취한다는 점이고, 다른 점은 움직이지 않거나 움직인다는 점이다.

이끼식물은 진화의 길을 역행?

육상식물은 초기에는 형태가 단순한 것에서 복잡한 것으로 진화했는데, 이끼식물은 원시적인 양치식물이 퇴화한 것이 아닌가? 처음에는 기공이 있었으나 나중에는 기공을 만드는 세포가 사라졌고, 처음에는 관다발이 있었으나 퇴화하였다. 하지만 이끼식물의 기원은 지금까지 확실히 밝혀진 바 없다.

지구상의 생물 🌿

동물, 식물, 균류. 이들 셋의 공통 조상인 진핵생물이 스스로 영양을 못 만드니까 미토콘드리아를 받아들여 공생하게 된다.

- 엽록체를 받아들여 공생하고 세포벽을 만든 것: 식물
- 엽록체를 받아들이지 않고 세포벽을 만든 것: 균류
- 엽록체를 받아들이지 않고 세포벽이 없는 것: 동물

이들 셋은 생산자 소비자 분해자로서 유기물 순환의 생태계를 만들었다. 곰팡이 같은 균류는 엽록체가 없는데, 대신 엽록체를 가진 박테리아인 녹조(綠藻)나 남조(藍藻)와 공생하는 길을 택했는데 그것이 지의류이다.

강자(强者)의 변천 🖋

큰 것이 유리한 시대가 있었다. 광합성에도 유리하기 때문이다. 공룡에게 잎을 적게 빼앗기려는 높이 경쟁 시대에는 무조건 거대화가 목표였다. 당시에는 기온도 높고 이산화탄소 농도도 높아 광합성에 유리하여 식물의 거대화에 알맞은 환경이었다. 하지만 공룡시대의 몰락과 함께 새로운 강자가 등장하였다. 새로운 타입의 목이 짧은 공룡이 백악기에 등장하면서 작은 풀의 시대가 도래한 것이다.

환경적으로도 대변혁의 시대였다. 안정적인 시대에서 극히 불안정한 시대로의 변화였다. 하나의 육지가 분열하여 육지끼리 충돌하면서 기후 등 모든 것이 급변하는 환경으로 바뀌면서, 그런 시대에 적응하기 위해서는 빨리 성장해서 빨리 종자를 남길 필요가 있었다. 이 격변의 시대에 속씨식물이 등장하였다.

열매 맺는 스피드로 비유하면 겉씨식물은 한정식, 속씨식물은 패스트푸드에 비유하면 될 것이다.

산소는 파괴자인가 창조자인가 🖋

산소 홀로코스트

산소라는 맹독은 모든 물질을 산화시켜 망가뜨리고, 인체에조차 활성산소를 만들어 각종 문제를 일으키는 원인 물질이다. 지구에 생명이 나타난 38억 년 전에는 산소가 존재하지 않았다. 당시 대기 중의 주성분은 이산화탄소였다. 이때 빛을 이용하여 에너지를 생산하는 새로운 타입의 미생물 남조류(cyanobacterium)라는 세균이 나타났다. 엄청난 기술 혁신이었고 그 폐기물로 산소가 버려졌다.

그렇게 하여 원래 지구상에 없었던 산소라는 물질은 27억 년 전 돌연 나타났다. 이후 점점 대기 중에 산소량이 증가함에 따라 이후 많은 지상의 미생물들이 산소에 적응하지 못하고 사라졌다. 산소 농도의 상승으로 지구상의 많은 생물이 사라졌고, 일부는 심해나 땅속 등 산소가 없는 곳으로 도망쳤다. 산소 홀로코스트였다.

산소와 몬스터의 탄생

놀랍게도 이 혼란기에 맹독 산소를 체내에 받아들여 생명 활동을 하는 괴물이 출현하였다. 산소는 독성이 있는 반면에 어마어마한 에너지를 생산하는 양날의 검이다. 그런데 이 금단의 산소에 손을 뻗은 미생물은 사상 초유의 큰 에너지를 얻는 데 성공하였는데, 그 미생물은 미토콘드리아의 조상이다.

어떤 단세포생물은 이 괴물과 같은 생물을 받아들여 스스로 산소속에서 살아남는 길을 모색했다. 이것이 우리들의 조상인 단세포생물이다.

훗날, 이 몬스터는 풍부한 산소를 이용하여 콜라겐을 만들어 몸집을 크게 하는 데 성공했고 맹독의 산소가 만들어 내는 막강한 힘을 이용하여 활발한 활동을 하게 되었다. 이어서 어떤 몬스터는 산소를 만들어 내는 남조류를 받아들여, 광합성에 의해 에너지를 생산하는 방향으로 진화하였다. 그리고 남조류는 세포 안에서 엽록체가 되었고, 이 엽록체를 얻은 단세포생물은 훗날 식물이 되었다.

평화롭게 지내던 다수의 미생물은 늘어난 산소 환경에 적응하지 못하고 사라졌고, 산소가 넘치는 지구상의 생물은 산소라는 맹독을 뿜어내는 식물의 조상이 되는 몬스터와, 그 산소를 이용하는 동물의 조상이 되는 몬스터로 이분되었다.

산소가 만든 환경 🌿

남조류에 의하여 나온 산소는 바닷속에 녹아 있던 철이온과 반응하여 산화철을 만들었고, 그 산화철은 바닷속에 가라앉아 있다가 훗날 지곡 변동으로 지상에 나타나 철광산이 되었다. 그것은 인간에 의해 다양하게 사용되었다. 모두 남조류 덕분이다.

산소는 지구환경을 크게 바꾸었다. 산소는 지구에 내리는 자외선과 만나면 오존이란 물질로 바뀐다. 남조류에 의해 배출된 산소는 결국 오존이 된다. 갈 곳 없는 이들은 상공에 오존층을 이루게 된다. 이 오존층은 생명 진화에 상상 이상의 공헌을 한다.

자외선은 DNA를 파괴하고 생명을 위협하는 유해물인데, 오존층이 이 자외선을 차단한다. 이 덕분에 지금까지 자외선 때문에 생명 활동이 제한되었던 지구환경에 일대 변혁을 가져온 것이다. 이윽고 바닷속에 있던 남조류는 식물의 조상과 공생해서 식물이 되었고, 지상에의 진출에 성공하면서 점점 산소를 방출하여 식물 낙원을 건설한 것이다.

식물은 산소를 배출해서 지구환경을 격변시킨 환경파괴자이다. 오늘날 인간이 배출하는 이산화탄소 때문에 또다시 지구환경이 악화되고 있으며 산소가 만든 오존층도 파괴하고 있다. 자외선이 다시 지상으로 도착하고 산소를 공급하는 식물들을 없애고 있다.

생명 38억 년 역사에 진화의 정점에 서 있는 인류가 이산화탄소를 넘치게 생산하여 자외선이 지상에 무방비로 대량 도착하게 하여 남조류 탄생 이전의 고대지구 환경으로 되돌리고 있다. 산소 때문에 박해를 받았던 고대 미생물은 땅속 깊은 데서 시대가 거꾸로 향하는 모습에 회심의 미소를 짓고 있을 것이다.

남조류가 출현하기 전 지구의 역사에서 최초의 광합성을 한 미생물이 나타난 때는 35억 년 전. 그리고 고대 바다에서 태어난 남조류가 산소를 뿜어 오존층을 만들 때까지 30억 년이 걸렸다. 이후 육상에 진출하여 식물이 산소 농도를 높일 때까지 5억 년이 걸렸다.

식물의 상륙과 양치식물의 등장

식물의 상륙 🌱

4억 7,000만 년 전, 식물의 상륙

양서류 척추동물의 상륙에 앞서 상륙한 식물은 청색 · 적색광으로 광합성을 하는 조류(藻類)의 하나인 녹조류이다(물은 적색을 흡수하기 때문에 물속에는 적색광이 없다. 해저 깊은 곳에 사는 금눈돔이나 쏨뱅이 등이 선명한 빨간색인 것은 물속에서는 보이지 않기 때문에, 숨기 쉽게 하기 위함이다). 식물 잎이 녹색인 것은 청색과 적색을 광합성에 사용하는 녹조류가 조상이기 때문이다.

녹조류는 빛을 충분하게 받을 수 있는 육상을 동경하였지만, 문제는 자외선이었는데 바다식물이 생산하는 산소가 오존층을 만들어 자외선이 육상에 도달하지 못하게 하는 환경이 조성되어 드디어 상륙이 이루어졌을 때는 4억 7,000만 년 전으로 양서류의 이크티오

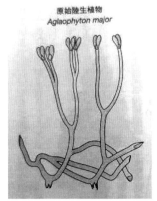

原始陸生植物
Aglaophyton major

스테가가 상륙한 3억 6천만 년 전보다 1억 1,000만 년 앞선 상륙이었다. 최초상륙은 이끼와 비슷한 식물로 이끼는 표면으로 수분과 양분을 흡수하는데, 이것은 녹조류와 같으며 다만 이끼는 건조한 곳에서는 못 산다는 결점이 있다.

이후 육상 생활에 적응하며 진화하여 나타난 것이 양치식물로 바다에서는 필요 없었던 줄기를 발달시키고 체내에 수분을 저장하는 시스템을 개발하며, 뿌리로 수분을 흡수토록 개발하고 교통망인 유관속도 개발하여 거대한 몸집을 불리게 되었다.

최초의 양치식물과 비슷한 것은 뿌리도 잎도 없는 식물인 솔잎란, 줄기만 있었는데 지면(地面) 아래 줄기에서 물을 흡수하고 지상의 줄기에서 광합성을 하다가 나중에 지상 줄기는 잎, 지하 줄기는 뿌리로 발전하였다.

양치식물이 뿌리를 발달시킨 것은?

식물이 상륙했을 때는 지상에 흙이 존재하지 않았다. 모래와 돌뿐이었는데, 지상의 흙은 생물의 사체 같은 것이 분해되어 생긴 것으로, 뿌리를 내려 영양을 흡수한 양치식물은 숲을 만들었고 이어 곤충과 물고기들도 출현하였다. 4억 년 전 해변에 식물이 본격 등장한 이래 6,000만 년이 지난 후에는 거대한 숲을 형성하였다.

곤충의 진화 🌱

3억 년 전 곤충 왕국은 이미 존재하고 있었다. 날개와 겹눈 같은 곤충의 기본 구조는 이미 완성되었고, 70㎝ 날개의 잠자리와 바퀴벌레들이 날아다니고 있었다. 곤충의 기원에 관해서는 아직 미궁이다. 이후 곤충은 잠자리가 작아지는 것처럼 대형화와는 다른 길로 진화하였다. 작은 몸집, 척추 대신 각피(딱딱한 피부), 겹눈, 뇌가 작지만, 여러 곳에 장착, 독특한 교신 방법, 고성능 감각 등이다. 작고 단순하게 진화하였다. 그렇다고 단순하므로 열등하다고 할 수 있는가? 아니다. 단순하기에 오히려 놀라운 능력 발휘를 하고 있다.

곤충은 6,500만 년 전에 이미 완성되었고, 식물과의 공생을 발달시켜 번영하였다. 꽃의 종류만큼 다양하게 발달하였다. 바구미가 6만 종, 나방이 20만 종이나 된다. 야행성 중 가장 번창한 박쥐보다 먼저 출현한 나방은 박쥐(5,000만 년 전부터 고성능 귀를 장착하여 등장)와 초음파 공방을 벌여 결국은 박쥐의 초음파를 퇴치하며 박쥐의 추적을 따돌렸다. 복잡한 조직을 가진 박쥐가 단순한 나방을 못 잡는 상황이 전개된 것이다.

첨단과학조차도 곤충의 단순한 생존 전략을 배우자고 할 정도이다. 벌 등은 인간의 상상력을 초월하는 인간이 모르는 원칙을 갖고 있다. 꿀벌은 45℃(말벌이 죽는 온도)까지 열을 낸다. 집단으로 말벌을 공격하여 죽일 수 있는 이유이다. 꿀벌 자신이 죽는 온도는 48℃이다.

숲 생태계의 탄생 🌱

양치식물과 양서류의 진화

양서류가 지상에서 번영을 누릴 즈음 양치식물은 숲을 이루었고, 수변에서 살던 양서류는 파충류로 진화하였다. 식물의 종류도 많아지고 울창해지면서 식물을 먹이로 하는 파충류 종류도 다양해지고, 초식 파충류를 먹는 육식 파충류도 나왔다.

양치식물이 물가를 벗어날 수 없었던 이유

양치식물이 물가를 벗어날 수가 없었던 이유는, 수정해서 자손을 남기기 위해서는 물이 필요했기 때문이다. 포자가 발아해서 전엽체(前葉體)를 형성하고 그 위에는 정자와 난자가 만들어지고 정자는 물속을 헤엄쳐서 난자에 도달, 수정한다. 정자가 헤엄칠 물이 필요했고 수영하는 것은 바다 생활의 잔재이다. 인간의 정자가 헤엄쳐서 난자에 다가가는 것과 같다.

3억 6,000만 년 전 동물의 선발대로 어류의 상륙작전이 성공하였다. 육상동물은 전체 동물 수의 4분의 1에 불과하다. 지금도 많은 동물은 바다가 편하다고 생각한다. 최초 어류 출현 후 6,000만 년이나 걸린 다음에야 포식자를 피해 큰 강으로 도망치는 데 성공하였다. 하지만 바다와의 큰 염도 차이로 적응에 큰 애로가 있었다.

나자식물과 피자식물

오늘날의 나자식물은 개량된 시스템으로 진화하였다. 소나무는 봄에 새로운 솔방울(=꽃)을 만들고, 화분을 바람에 날려 보낸다. 화분은 다른 개체의 솔방울이 열렸을 때 그 속으로 들어간다. 꽃가루가 들어가면 열렸던 솔방울이 닫히고 다음 해 가을까지 열리지 않는다. 솔방울 안에서 오랜 세월에 걸쳐 알(암)과 정자(수)가 형성되고 숙성된다. 나자식물 중 진화된 소나무조차 화분이 도착해서 수정되기까지 1년이 걸린다.

피자식물은 화분이 오기 전부터 배를 숙성시켜 준비했다가 화분이 오면 즉각 수정한다. 화분 도착부터 수정까지 불과 수 시간 또는 수일밖에 안 걸리는 엄청난 스피드이며 이것은 세대교체가 빨리 이루어지는 것을 의미한다.

Big 5 🌿

다섯 번의 대멸종 사건을 지칭하는 용어이다.

- 4억 4천만 년 전: 84% 멸종. 바다에 물고기가 나타났고 원시 식물이 상륙.
- 3억 6천만 년 전: 70% 멸종. 양서류가 상륙.
- 2억 5천만 년 전: 96% 멸종. 거대한 양서류 파충류 등장.
- 2억 년 전: 79% 멸종. 파충류 번영, 공룡으로의 진화.
- 6,500만 년 전: 70% 멸종. 공룡 멸종.
- 현재, 10년간 평균 2종이 멸종. 속도는 3차 대멸종과 비슷한 속도.

지구에 다세포생물이 출현한 10억 년 전부터 5회의 대멸종 사건이 있었다. 그 사건 후에는 생물상이 대폭 바뀌어 'OO代'라는 지구사의 연대명이 바뀌었다. 예를 들면 종의 95%가 2억 5,100만 년 전의 대멸종 이후 중생대가 시작되었다.

5번째 대멸종 이후 🌱

공룡시대에 위축되었다가 공룡이 사라진 후 득세한 것은 파충류인데, 운석의 충돌로 인한 대재앙에서 살아남을 수 있었던 것은 첫째, 수변에 살아서 고열을 피할 수 있었고 둘째, 공룡은 체온 유지를 위해 많은 에너지가 필요한 항온동물이었지만 파충류는 변온동물이었던 덕분이다.

새들이 재앙을 극복했던 것은 공룡이 진화해서 새가 되어 공중을 터전으로 삼았기 때문이다.

포유류도 살아남았다. 세상을 제패한 강자 거대 공룡으로부터 살아남기 위해 공룡의 손이 닿지 않는 곳으로 도망쳤고 작은 몸으로 변신하였다. 작으면 먹이도 조금이면 되고 또 공룡이 다니지 않는 밤을 활동무대로 삼았다. 후각과 청각은 물론, 이를 조절하는 뇌도 발달하였다. 공룡시대 1억 6,000만 년 동안 이런 방향으로 비약적으로 진화하였다.

진화의 Two track

진화의 첫 번째 방향, Speed 🌿

외떡잎식물의 등장

속씨식물의 풀로의 진화는 외떡잎식물을 등장시켰다. 목련 같은 것이 진화한 것으로 여겨진다. 모든 풀은 외떡잎식물이며 이전의 모든 식물은 쌍떡잎식물이었다. 그러니까 풀로의 진화는 두 가지 방향이다.

- 하나는 쌍떡잎을 유지하면서 풀로,
- 다른 하나는 외떡잎으로 혁신하며 풀로.

단순하게 생각하면 단순구조인 외떡잎이 먼저 태어났다고 생각하기 쉬우나, 실제는 쌍떡잎이 먼저다. 작은 풀의 경우 복잡한 구조는 필요 없다. 생장 스피드 우선으로 단순화한 신제품이다.

수백 수천 년 살아가는 나무가 왜 불과 길어야 몇 년 사는 풀로의 진화를 선택하는 것일까? 모두 생명을 지키려고 장수하려고 필사의 노력을 하는데, 어째서 식물은 단명한 쪽으로 진화하는가?

死는 생명이 스스로 만들어 낸 발명이다. 생명의 릴레이를 통해 변화를 지속하면서 영원히 살 수 있는 길을 발명한 것이다. 마라톤 42.195km 달리기는 어렵다. 더구나 계곡, 낭떠러지, 강 같은 장애물이 있으면 더더욱 그렇다. 만일 100m 달리기라면 다소 장애가 있다고 해도 전력 질주할 것이다. 이처럼 나무가 1,000년의 수명을 영위하노라면 수많은 장애에 시달리며 악전고투할 것이지만 1년을 산다면 주어진 천명을 다 할 수 있을 것이다. 모든 것은 격변하는 환경에서 살아남고자 하는 아이디어이다.

급변하는 환경이 외떡잎식물을 등장시켰다. 엽맥을 보아도, 뿌리를 보아도, 관다발을 보아도, 구석구석 스피드 중시의 전략이 고스란히 구현되었다. 쌍떡잎식물은 시간이 좀 걸리더라도 관다발을 질서 있게 정리하는 대신에 외떡잎식물은 스피드를 중시하여 제멋대로 되는 대로 배치하였다.

공룡시대에 떡잎이 두 장에서 한 장으로 변한 것은 대혁명적인 사건이었다. 안정적이던 환경에서는 충분한 시간을 갖고 천천히 성장하여 천천히 열매를 맺어도 되었지만, 환경이 예측 불가능한 변화무쌍하게 바뀌면서 살아남기 위해서는 신속하게 자라서 신속하게 열매를 맺어야 하는 상황이 되었으니 불가피한 선택이었다. 오랜 세월 성장하는 나무 세계에서 단명하지만 스피디한 풀이 등장한 것도 이러한 이유에서였다.

초식공룡 탄생

이것은 마치 소처럼 생겨 소처럼 지 면의 풀을 뜯어 먹고 사는데, 이때 나 무가 진화하여 나타난 것이 외떡잎식 물이다. 공룡시대가 끝날 무렵의 백악 기로, 외떡잎식물의 번영은 초식공룡 의 번영으로 이어졌다.

속씨식물의 등장

백악기 이전, 즉 쥐라기시대에는 겉씨식물이 속씨식물로 진화하는 대혁명이 일어났다. 스피드 시대가 왔음을 알리는 신호탄이었다. 아름 다운 꽃이 등장하고 아름다운 꽃밭에서 풀을 뜯는 초식공룡이 등장한 다. 그렇다면, 속씨식물이 겉씨식물을 얼마나 스피디하게 뜯어고쳤는 지를 보자.

- 배주를 씨방에 가두어 보호: 열매를 빨리 맺고 꽃을 기능적으로 진화시켰다.
- 도관: 물 영양을 운반하며 밑에서 위로 흐른다. 안쪽 물이 중요하 므로 안쪽에 죽은 세포로 구성하였다. 수도관처럼 줄기 속에 있는 전용 파이프였다.
- 체관: 잎에서 만든 영양을 체내 여기저기로 보내는 라인으로 줄기 바깥쪽에 배치하였다(관다발: 도관+체관).

겉씨식물의 경우, 물관보다 옛 방식인 헛물관을 사용하였는데, 이것은 세포와 세포 사이에 작은 구멍이 있고 이 구멍을 통하여 세포에서 세포로 물을 이동시켰다. 이를테면 물통을 사람들이 나란히 서서 전달하는 방식이다.

물관은 헛물관보다 전달 효율은 높지만, 겨울에 얼기 쉽다는 단점이 있다. 얼면 팽창하고 녹으면 균열이 생기므로 틈이 생겨서 물을 올릴 수 없게 된다. 헛물관은 물관에 비하여 쉽게 얼지 않는다. 그러니 추운 지방에서는 겉씨식물이 유리하며, 잎 표면적을 최소화한 침엽수 모양이 겨울에 유리한 점이다. 그래서 겉씨식물은 여전히 옛 시스템을 유지하면서 자기에게 유리한 지역을 택하여 여전히 번영을 누리고 있다.

외떡잎식물이 최신 제품이라 해도 모두 그것으로 갈아탄 것은 아니고 올드 타입이라 해서 모두 사라진 것도 아니다. 화려하고 복잡한 꽃이 최신이라 해도 단순하고 볼품없는 꽃도 세상에 널려 있다. 신구에게 각각 적당한 환경이 있기 때문이다. 모든 것이 일사불란하게 진화하는 것은 아니다.

2억 년 전, 아름다운 꽃의 등장

겉씨식물은 풍매화라서 바람에 실려 멀리멀리 날아가야 하니까 그 목적에 맞게 가볍고 작게 많이 아무 장식 없이 단순하게 만들었다. 예쁠 필요는 더더욱 없었다. 겉씨식물이 진화한 속씨식물은 원래는 풍매화였으나 우연하게도 곤충에게 화분 운반을 부탁하게 되었다. 곤충도 화분 운반을 위해 접근한 것이 아니라, 원래는 화분이 먹이였기에 접근하였다가 우연하게도 운반을 도와주게 되었다.

곤충은 화분을 먹는 해충이지만 운반의 공을 생각하면 어느 정도 먹는 것은 허용하게 되었고, 바람에 부탁하는 것보다 비교할 수 없는 효율이기에 만족하였다. 엄청난 수량의 화분을 만들어 뿌리는 겉씨식물보다 워낙 효율이 좋은 만큼 화분을 대폭 줄여도 되었고, 잉여 에너지로 꽃을 예쁘게 하여 곤충이 쉽게 접근토록 하였고 거기다 나중에는 꿀까지 준비하고 향기도 뿜어내게 된다.

새로운 공생

속씨식물의 눈부시고 스피디한 진화는 '다른 생명과의 관계 강화' 쪽으로 나아갔다. 최초의 파트너는 풍뎅이. 나비와 벌은 아직 없던 때라, 풍뎅이는 맛있는 먹이인 화분을 먹는 동안 꽃 가운데를 이리저리 돌아다닌다. 이후 더 효율적인 벌을 선택하여 벌과 꽃은 서로에게 최적의 서비스를 제공하는 방향으로 공진화해 갔다.

공생하는 것은 꽃뿐이 아니다. 열매도 마찬가지, 포유류(최초 동물)가 열매를 먹고 씨앗을 퍼뜨려 주는 상리공생도 함께 진화되어 갔다. 본시 포유류는 곤충이 먹이였지만 그중 일부가 열매를 먹이로 하는 방향으로 발달하였고, 백악기 후기(1억 3,600만 년 전 시작하여 7,100만 년 동안 지속)에 여러 종류의 새들이 출현한 것은 속씨식물의 다채로운 진화와 관계가 깊다.

포유류는 이빨이 발달하여 꼭 나무 열매만이 아니더라도 먹을 것은 많았기에 식물과는 거리가 멀어졌고, 식물의 입장에서도 씨까지 씹어 먹으면 곤란하므로 자연히 거리를 두었으며, 새들은 이빨이 없으므로 씨를 널리 퍼뜨려 주는 고마운 공생으로 발전하였다. 속씨식물의 다양한 진화는 곤충과 새들도 다양한 종류로 진화하게 했다. 식물은 과실의 색깔로도 새들과 소통하였다. 미숙 과일은 색이나 맛을 특별하게 하여 먹지 않도록 유도하였다.

위대한 발명 두 가지 🌿

양치식물의 진화로 겉씨식물이 출현하였다. 겉씨식물은 내지로 범위를 확대하면서 공룡의 낙원을 만드는 기초가 되었다. 겉씨식물은 양치식물이 못했던 건조지대에 진출하였는데, 이때 위대한 발명 두 가지가 나타난다.

위대한 발명 1. 종자

포자가 어려웠던 건조에 견디고 두꺼운 껍질 덕분에 발아 타이밍도 기다릴 수 있도록 진화하였다. 종자는 물이 없어도 물이 있는 곳까지 이동할 수 있고, 또 물이 없으면 물이 확보될 때까지 기다릴 수도 있어서 시간과 공간을 극복할 수 있다.

위대한 발명 2. 화분

포자식물의 포자는 화분에 해당하며, 화분은 정자를 만들지 않고 단지 정세포를 만들 뿐으로 정세포는 헤엄치거나 하지 않으므로 정자와는 매우 다르다.

장점 1. 건조지대 적응

화분에 의한 수정은 물이 필요 없으므로 건조지대에서도 가능하다.

장점 2. 이동 능력 탁월

양치식물의 경우 정자와 난자가 수정한 수정란은 그 장소에서만 커가지만, 종자식물은 종자가 곧 수정란인지라 이동이 수월하다. 양치식물은 포자로 이동이 가능할 뿐이지만, 종자식물은 화분과 종자 공히 이동 가능한데 움직일 수 없는 식물에게는 일대 비약이다.

장점 3. 다양성

양치식물은 포자가 발아하여 생긴 전엽체 위에서 정자가 난자에게 헤엄쳐 가서 수정하는 결국은 자가수정 방식인데, 종자식물은 포자를 진화시켜 화분을 만들었고, 양치식물의 포자는 암수 구별이 없는데 화분은 수컷 배우체로서 멀리 이동하여 여러 상대와 만나 다양한 자손을 남길 수 있게 되었다.

겉씨식물의 다양화는 다양한 공룡을 탄생시켰다. 겉씨식물은 초식공룡에게 먹히지 않으려고 거대해지고 공룡도 함께 거대해지는 대형화 경쟁 시대를 열었다.

자연계에 제시한 속씨식물의 답

살벌한 경쟁사회 속에서도 다른 생물과의 협조하는 기술을 습득하였다. 벌들에게는 수분을 위해 꿀을 준비하고, 새들에게는 맛있는 과육을 준비하였다.

'먼저 준다.'

'상대방의 이익을 먼저 고려한다.'

낙엽수의 등장, 1억 년 전

속씨식물이라 해서 모두 풀로 진화한 것은 아니고, 여러 갈래로 진화를 거듭했는데 완전하게 새로운 타입으로 등장한 것이 낙엽수. 백악기 말기 추운 겨울을 나기 위한 무척 우수한 시스템이 개발되었다. 겉씨식물은 상록수로 잎에 코팅하여 수분의 증발을 막고 추위도 막지만, 아예 잎을 떨어뜨리는 신개념이 등장한 것이다.

진화의 두 번째 방향, Simple 🍃

'복잡한 나무가 단순한 풀이 되는 것은 진화일까? 아닐까?'

크고 복잡한 것만이 진화가 아니다. 소형화와 단순화도 진화이다.

백악기 끝 무렵 대륙의 분리로 환경이 격변하여 단기간에 성장·개화·결실하는 풀이 등장하여 세대교체의 초스피드화를 이루었다. 뱀은 본시 네다리 동물이었으나 좁은 곳을 다니고 땅속을 자유자재로 다니기 위해 심플하게 다리를 없앤 것도 훌륭한 진화이다.

패자의 승리

지구의 역사는 역경과 순경 희비가 섞이는 변화무쌍 그 자체였다.

그 모든 것을 극복하고 생명은 이어져 왔다. 생명이 태어날 즈음 소혹성이 지구에 충돌하여 그 에너지로 바닷물이 다 증발하고 지표 온도가 4,000도까지 올라가 번영을 누리던 생물들이 거의 모두 사라졌다. 이런 격변이 일어날 때마다 극적으로 살아남은 것은 땅속 깊숙이 쫓겨 살던 원시적 생명들이었다. 지표 영하 50도의 빙하기에는 심해 깊은 곳의 생명들이 살아남았다.

위기 뒤에는 반드시 호기가 찾아왔다. 그 호기에 진핵생물이나 다세포생물이 등장했고 '캄브리아 대폭발'이라 불리는 생물종들의 폭발적 증가로 이어졌다. 대격변이 있을 때마다 강자들에 쫓겨 심해나 땅속으로 도망쳤던 생물들이 살아남아 번영을 이루었다. 대지의 적들을 피해 나무 위로 도망쳤던 포유류는 드디어 원숭이를 탄생시켰다. 위기 때마다 생명을 연장한 것은 권토중래했던 도망친 패자들이었다. 무려 38억 년을 이어 왔다.

역경 후의 비약

7억 년 전의 빙하기후에 나타난 다세포생물은 에디아카라(ediacara) 생물군으로, 대부분은 해파리 같은 단순한 생물이었다. 해파리의 특징은 먹는 입으로 배설까지 하기 때문에 연속해서 먹을 수 없다는 불편한 사실이다. 그래서 방법을 연구했는데, 두 갈래로 진화하였다.

- a그룹: 원래의 입으로 먹고 새로 구멍을 만들어 배설. 연체(軟體) 동물, 조개, 새우
- b그룹: 원래의 입으로 배설하고 새로 구멍을 만들어 먹는다. 척추 동물

기묘한 동물들의 출현

5억 5천만 년 전 고생대 캄브리아기 대폭발 사건 이후에 한꺼번에 기묘한 여러 생물종이 출현하였다. 어째서 한꺼번에 많이 출현하여 급격한 진화를 했을까? 지금은 아쉽게도 볼 수 없지만, 새로운 많은 디자인의 생물이 출현하여 시행착오를 겪었다. 이유는 빙하기의 혹독한 환경에서 유전적인 변이의 축적이 다세포생물의 급격한 진화를 불러와 에디아카라 생물군을 출현시킨 것이다. 대번영을 이룬 에디아카라 생물군은 5억 4,200만 년 전부터 시작되는 캄브리아기까지 멸종하였는데 그 이유는 수수께끼이다. 캄브리아기에 다른 생물을 먹이로 하는 포식자도 등장하였고, 이때부터 방어 수단이 발달하며 살벌한 약육강식의 경쟁 시대가 되었다.

눈(目)의 등장

캄브리아기 생명 대폭발을 유발한 것은 5억 4,000만 년 전의 눈의 등장 덕분이며, 이 시대의 최고 발명품이기도 하다. 오감(五感) 중에서도 압도적으로 많은 정보를 주며 혁신적인 무기인 눈이 새롭게 등장하였다. 아주 작은 눈으로 시작하여 이 작은 눈을 여러 개 장착하는 복안(複眼)으로 진화하였다. 눈의 등장으로 경쟁은 한층 살벌해졌다.

절족동물의 전략

게처럼 견고한 외투로 방어하고 공격하고…. 그래서 몸집을 1m 이상으로 키워 바다를 지배하였다. 이어서 몸 안에도 강력한 지지대를 준비하는 척추동물이 출현하였다.

척추동물인 원시(原始) 양서류의 최초의 상륙은 암스트롱의 달 착륙에 비견되는 대사건으로 대번영의 시작이었다. 순전히 미지의 세계에 대한 개척정신으로 상륙한 것일까? 아니면 도망친 것일까? 당시의 바다는 6m가 넘는 갑주어(ostracoderm) 포식자들이 생태계 정점에서 지배하였으나 영고성쇠(榮枯盛衰)! 상어 같은 연골류(軟骨類)에게 왕좌를 빼앗긴다. 약자들은 쫓기고 쫓긴 후 결국 사멸하였고 이어서 경골류(硬骨類)가 등장하였다. 쫓고 쫓기는 과정에서 담수어와 해수어로 나뉘게 된다.

양서류의 조상은 몸집이 큰 물고기인데, 민첩성이 없는 이 생물은 경쟁력이 약하여 쫓기고 쫓기다가 지느러미를 다리로 진화시켜 상륙하게 된 것이다. 초기에는 수중과 육상을 넘나들며 살아서 양서류라고 하였는데, 이것이 포유류·파충류·조류·공룡의 조상이다.

한편 바다의 강자들은 어떠했을까? 상어는 그때의 모습을 지금도 간직하고 있어 '살아 있는 화석'이라고 한다.

절대강자로 군림해 왔으니, 진화는 필요 없었던 모양이다. '살아 있는 화석'이란 말을 처음 사용한 사람은 다윈이다. 실러캔스(coelacanth)는 4억 년 전 데본기 화석으로 발견되는데 지금도 살아 있다. 고생대부터 살아온 대표적인 것으로는 바퀴벌레, 흰개미, 투구게, 앵무조개 등이 있다. 이들은 살벌한 경쟁에서 살아남은 위대한 승리자들이며 지금도 번영을 누리고 있으니, 반드시 바뀌고 진화되어야 살아남는 것은 아닌가 보다.

공룡을 퇴장시킨 꽃

쥐라기시대 2억 8백만 년 전~1억 4,500만 년 전 공룡이 활보하던 때는 겉씨식물의 번영 시대였는데, 겉씨식물은 아름다운 꽃을 피우지 않는다. 그리고 중생대 말기 백악기 1억 4,500만 년 전~6,500만 년 전 아름다운 꽃, 즉 속씨식물이 출현했다. 배주가 밖으로 나와 있다는 것은 중요한 것이 무방비 상태라는 의미인바, 이러한 겉씨식물에서 '배주가 자방에 갇혀 있다'는 속씨식물로의 진화였다. 자방을 만드는 것도 대혁명. 배주가 자방에 보호된다는 것은 안전하게 지킨다는 외에 'speed'라는 또 다른 장점이 있다. 풍매화인 나자식물은 배주가 밖으로 나와 있어야 마땅하다.

큰 나무 숲은 줄고 겉씨식물은 추운 날씨에 적응하지 못하고 북쪽으로 이동하였으므로 큰 겉씨식물을 먹던 공룡이 작은 나뭇잎을 먹기에는 충분하지 못하자, 식량 부족 사태가 왔다. 아름다운 꽃이 공룡의 멸종을 불러왔다고 볼 수 있다. 멸종 직전에 현화식물, 풀을 뜯어 먹는 공룡이 잠시 등장했었다.

최초의 쥐만 한 크기의 포유류는 공룡을 피하여 야간에만 활동하였다. 포유류는 속씨식물을 먹고 씨를 퍼뜨리는 데 공헌하였다.

속씨식물과의 상호협력 관계
- 초기에는 곤충
- 나중에는 포유류

하지만 공룡은 새로운 생태계 진입에 실패하고 하등의 협력 관계를 맺지 못하고 식물 파괴자이기만 했다. 이렇게 사라져 가는 마지막 순간에 10㎞ 크기의 운석의 충돌로 멸종의 결정타를 맞았다.

3억 년 전 파충류가 공룡·익룡·포유류로 진화하였다(익룡은 나는 방법이 다르므로 새는 아님. 6,500만 년 전에 사라짐). 1억 5,000만 년 전 육지가 갈라지는 때에 최초의 새, 이빨이 있는 시조새가 출현하였다. 이전에 이미 잠자리(곤충)가 존재하였고, 조류가 아닌 익룡이 하늘을 지배하고 있었다.

깃털의 등장 = 파충류의 비늘이 진화한 것?

하지만 파충류에서 시조새로 이어지는 중간 화석이 전혀 발견되지 않아서 많은 의문을 남기고 있다. 공룡의 비늘이 깃털로 진화한 것이 아닌가 하는 학설도 있지만, 확실히는 알 수 없다.

왜 性은 두 종류인가?

위대한 性 시스템의 발명 🌱

생식세포의 등장

20억 년 전에 초대륙의 등장으로 인한 지구환경의 급변으로 단세포 생물의 멸종 위기 속에 세포분열로 증식해 오다가 14억 년 전 다세포생물의 등장과 함께 생식세포가 등장한다.

5억 3,000만 년 전 캄브리아기는 대륙이 떨어져 나가는 시기로 50개 종에서 만여 종으로 늘어나는 생물의 대폭발 현상이 나타난다. 그것은 유성생식 덕분에 다양한 후손이 만들어져 격변하는 환경에 적응했기 때문이다. 현재 3,000만 종 이상으로 번영한 것도 유성생식 덕분이다.

性 시스템이 출현한 이유

다양성 추구를 위해 '우연'에 맡기면 종 자체가 정리 불가능한 상황으로 빠질 수 있으므로 다양성을 추구하면서 어느 정도 예측과 정리가 가능한 시스템이 등장하였는데, 그것이 유성생식 시스템인 암수 性 시스템이다. 유성생식은 다양성을 추구하는 데 적절했기에 이 시스템이 많은 생물들에게 선택된 것이다.

지구상에 가장 많은 그리고 가장 오래된 생물인 세균에도 유성생식과 비슷한 유전자 복제로 다양성을 창출한 기관을 가지고 있었다. 대장균이 한 예이다.

두 가지 性을 선택한 이유

많은 그룹을 만들면 더 다양해지지 않을까? 단세포생물인 점균(粘菌)은 13가지 性이 있고, 직모충은 30종류이고, 다세포생물 중 조개새우는 성이 3개이다.

지금 남녀 성비는 50 대 50으로 유지된다. 만일 성이 여러 개라 해도 오래도록 균형을 맞추기는 어려울 것이며 결국에는 두 가지로 좁혀질 것이다.

그런데 두 그룹으로 다양성을 유지하는 데 문제는 없는가? 부모 사이에서 얼마나 많은 다양성이 가능할까? 놀랍게도 838만 × 838만 = 70조가 넘는 다양성이 가능하기에 두 종류로 충분하다.

암수의 역할 분담

짚신벌레는 접합해서 유전자를 교환한 후에 각각 독자적으로 증식해가기에 증식의 속도가 빠르다. 그런데 생산성 낮게 암컷만 생산하는 이유는? 몸집이 클수록 생존에 유리하지만, 재빨리 이동해야 하는 점을 감안하면 몸집이 작은 쪽이 유리하므로 몸집을 작고 날렵하게 하여 짝을 찾아 만나기 쉽게 하였다.

다른 한쪽은 몸집을 키우고 기다리면 되는 처지로 정리되어 가고, 이동하는 쪽은 유전자를 운반하는 역할, 기다리는 쪽은 유전자를 받아들이는 처지로 역할 분담이 이루어졌다. 이후 암수로 각각 특화 · 진화되었다.

남과 여, 그리고 死

남과 여가 있어서 피차 많은 에너지를 쏟게 하고 있다. 어려서 죽을 때까지 왜 이렇게 에너지와 돈, 시간을 쓰게 만들었을까? 자손을 남기려고? 자손을 남기는 방법은 많고도 많은데 왜 남녀로?

그 옛날 처음 지구에 나타난 단세포생물에는 남녀 구별이 없었고 단지 세포분열로 자손을 남겼다. 세포분열의 의미는 원본을 복사하는 것으로, 언제까지나 완전히 일치하는 성질만이 증식된다. 이런 방법은 지구환경 격변에 살아남기 어렵다. 그래서 어떤 방법이 좋을까 궁리하게 된 것이다.

'환경이 크게 변하면 생물도 크게 변해야 하는데, 어떻게 하면 다양한 환경에 살아남을 다양한 후손을 만들 수 있을까?'

해답은 다른 개체의 유전자를 받아들이는 방법이다. 하지만 자신과 꼭 같은 유전자를 교환하는 것은 큰 의미가 없지 않은가? 효과적인 방법으로 다른 개체와 교환하기보다는 그룹을 만들어 다른 그룹에 소속된 깃과 교환하면 좋을 것이다. 이렇게 하여 男과 女가 등장하였다. 오랜 기간 생물들이 연구 진화한 멋진 방안이다. 자웅의 기원이다.

암수 구별의 기원

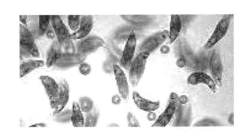

약 70조 개 이상의 세포가 모여 인간을 형성한다. 복잡한 대형 다세포생물이다. 그런데 지금도 단세포생물 그대로 살아가는 생물도 많다.

연두벌레, 짚신벌레는 단세포이면서 복잡한 기관을 진화시켜 고도의 생명 활동을 하고 있다. 짚신벌레는 세포분열을 통해 증식하는데, 자신과 같은 것밖에 만들 수 없으니까 다른 개체와의 접촉을 통해 유전자를 교환한다. 짚신벌레는 몇 개의 다른 그룹이 있어서 그룹 간의 접촉을 통해 유전자를 교환한다. 암수가 있는 것은 아니지만 이것이 암수 구별의 기원이다.

단세포생물도 암수가 있다

대장균은 진화의 배에 탄 세균이 아닌 단순한 생물, 1미크론도 안 되는 크기임에도 암수가 있다. 같은 단세포인 짚신벌레는 100미크론으로

맨눈으로도 볼 수 있다. 왜 다양한 후손을 남겨야 하나? 격변하는 환경에 적응하기 위해서는 불가피한 선택이다.

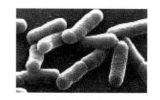

포유류가 세상을 지배하게 된 이유

공룡시대에도 파충류와 조류는 어느 정도의 지위는 누리고 있었다. 새는 하늘을 지배했고 파충류도 악어처럼 대형으로의 진화가 진행되었으며 수변을 지배하고 있었지만, 이에 비해 쥐만 한 크기의 포유류는 진화도 하지 못한 채 초라한 모습으로 남아 있었는데, 이런 점이 오히려 격변의 시기에 처음(zero)부터 다시 시작하게 된 행운이었다.

하늘의 패자

최초로 하늘을 난 것은 곤충으로 약 3억 년 전 양서류가 상륙을 생각하던 때이다. 어떻게 곤충이 하늘을 날게 하는 날개를 달 수 있었는가? 지금도 수수께끼인데, 하늘을 지배하고 있던 것은 메가네우라(meganeura)라는 날개를 펴면 70㎝가 넘는 거대한 잠자리 모양의 곤충으로, 이렇게 거대한 곤충이 활개 친 것은 산소농도와 관계있다고 한다. 당시 상륙한 양치식물의 광합성으로 산소 배출이 활발하여 현재는 21%지만 당시에는 35%로 곤충이 호흡하면 온몸 전체에 산소를 충분히 공급할 수 있었다는 설명이다. 그리고 바로 산소농도가 낮아졌다. 이유는 확실치 않지만, 다음 네 가지 이유가 있을 것이다.

- 화산 분화로 식물 감소
- 화재로 식물 감소
- 기후변동으로 비가 많이 옴
- 식물을 분해하는 균류의 번성으로 분해할 때 산소를 소비했기 때문

석탄

거대 곤충이 번영하던 시기는 고생대의 석탄기. 이때는 균류의 활약이 미미하여 나무가 쓰러져도 분해되지 않고 그냥 그대로 화석화되어 오늘날의 석탄이 되었다.

저산소 시대

곤충은 호흡이 가능한 사이즈로 재빨리 변신하였지만, 여전히 날수 있는 유일한 생물이었다. 날개를 가진 공룡이 있었지만 높이 날수는 없었고, 결국 날개를 가진 공룡이 새로 진화하여 저산소의 상공까지 지배하게 되었다. 포유류 중 박쥐가 제공권에 도전하였지만, 새들에게 패하여 새들이 쉬는 밤에만 활동하였다.

원숭이 등장

속씨식물의 등장으로 숲이 컬러풀하고 다양해지며 울창해졌다. 따라서 각종 동물도 다양해지고 마침내 수관(樹冠)을 니치(niche)로 삼는 원숭이가 등장하였다. 2,600만 년 전의 일이다.

새는 다 익었다는 사인인 빨간색을 볼 수 있지만 포유류는 빨간색을 볼 수 없다. 이유는 공룡에 쫓겨 밤에만 활동하였는데, 빨강은 밤에는 보이지 않는 색이기 때문이다. 따라서 적색 식별 능력이 자연히 없어졌다. 그러나 포유류 중 유일하게 원숭이는 빨강을 식별해 낸다. 잃었던 식별 능력을 회복한 것이다. 그래서 무난하게 과일을 먹이로 삼을 수 있었다.

유성생식과 무성생식

- 유성생식: 친개체와는 유전자 조합이 다른 자손을 남기는 것
- 무성생식: 부모와 같은 유전자를 가진 자손을 남기는 것

3부

인간의 진화

○ ● ○

아직도 모르는 우리의 역사

※ 다른 것들의 진화에 관하여는 많은 연구 진전이 있지만, 인간의 진화에
   관해서만은 연구가 상당히 지지부진한 것은 근본적으로 연구의 근거가
   되는 화석이 희소한 이유이다. 그러므로 화석이 하나 발견될 때마다 지
   금까지의 주장을 변경해야 하는 상황이 계속되고 있다.

인류의 기원

인류의 기원은 아직 수수께끼로 남아 있는 가운데 아프리카 대륙에
서 일어난 거대한 지곡 변동이 관계있다는 설이 유력하다. 원숭이로부
터 인간이 태어난 것은 7백만 년 전~4백만 년 전 사이이고, 가혹한 환
경에서 나타난 인간은 직립보행과 지능 등 다른 동물과는 다른 능력이
있었다.

호모속의 생물이 지구상에 나타난 것은 400만 년 전, 그때부터 여러
종류의 호모속이 나타났다가 사라지곤 했다. 그중 호모사피엔스의 강
적인 네안데르탈인은 40만 년 전에 아프리카를 떠났고, 아프리카에 그

대로 머문 인류는 호모사피엔스로 진화해 갔다.

추운 지방의 동물들의 몸집이 크듯이 네안데르탈인도 추운 지방에서 강인한 힘을 가진 큰 몸집으로 진화했다. 한편 아프리카에 머문 호모사피엔스는 작고 유약한 채로 이후 아프리카 밖으로 나가 여러모로 더 지능적이고 강력한 네안데르탈인과 만나게 된다.

그런데 왜 지금 우리만이 살아남았나?

호모사피엔스는 뇌는 작지만, 소통을 중시하는 방향으로 발달하였다. 약자는 무리를 짓고 유약하므로 도구를 사용하였다. 강력한 네안데르탈인은 개별적이라 어떤 좋은 아이디어가 있어도 일반화는 매우 느렸고, 호모사피엔스는 집단생활로 아이디어가 금세 전파되어 공유의 속도가 빨랐다. 그 결과 유약한 집단이 강력한 개별을 물리친 것이다.

유례없는 새내기

원시적 포유류는 약 2억 년 전 양막류(羊膜類: 파충류, 조류, 포유류 총칭)로부터 출현했다. 그리고 1억 6,000만 년 전에는 유태반류 포유류가 출현했다. 그렇다면 포유류의 공통 조상으로부터 영장류의 선조는 어떻게 진화했을까?

현재 살고 있는 영장류는 인간과 같은 변종을 제외하고는 모두 열대 아열대에 분포되어 있다. 나무 위에 살다 보니 가지 장악력이 세지고 숲에서 멀리 있는 물체를 식별하기 위해 색각이 발달하였고, 특히 뇌가 커졌다. 인간이 원숭이로부터 진화했다는 판단 근거는 현생 생물 중에서 가장 비슷하기 때문이다.

- 외견 비슷
- 행동학상 유사

최초의 영장류는 7,000만 년 전에 곤충을 잡아먹는 야행성으로 등장했다. 원원류(原猿流)로 불리는 이 그룹은 현재 마다카스카르에 살고 있다.

4,000만 년 전에 잎이나 과일을 먹는 진원류(眞猿流: 현재 대부분의 원숭이)가 등장했고, 2,500만 년 전 최초의 유인원(類人猿)이 등장하여 아프리카·아시아·유럽에 퍼졌다. 1,500만 년 전까지 다양한 유인원이 아프리카에서 번영하였다.

최초의 인류
최초의 인류는 아프리카에서 터를 잡았다. 다윈의 주장대로 아프리카가 인류의 원(原)고장이다. 화석의 증거로부터 직립하는 영장류, 즉 인류가 등장한 것은 700만 년 전 아프리카에서이다.

- 신생대 제3기(6,600만 년~258만 년 전)
- 신생대 제4기(258만 년 전~현재) 호모속이 크게 진화한 지질시대

신생대에는 대륙의 이동으로, 남반구는 남극에 차가운 해수가 몰려들어 4,000만 년 전에는 빙하로 덮이고 3,400만 년 전에는 남극과 호

주가 분리된다. 북반구는 인도 대륙과 유라시아 대륙의 충돌로 히말라야산맥이 생성되었다.

아프리카 숲은 1,000만 년 전부터 지각 활동을 계속하다가 500만 년 전에 남북 관통 산맥이 형성되면서 침팬지와 인간이 분리되게 되었고, 산맥의 서부 숲에는 침팬지 동부 초원에는 인류가 살면서 서로 왕래할 수 없었다. 인간이 초원에서 두 다리로 걷게 된 것은 우연이었다. 초원에서는 숨을 곳이 없어서 표범의 먹이가 되는 사태가 생겼다. 이후에 걷는 기술이 급격하게 발달하였다.

뇌의 발달

이후 200만 년간 뇌가 2배로 커졌으며 언어를 사용하기 시작하였다. 이보다 100만 년 뒤, 즉 지금보다 100만 년 전(뇌의 크기로 비추어 볼 때) 오늘날의 인간이 등장하였다. 그리고 지금으로부

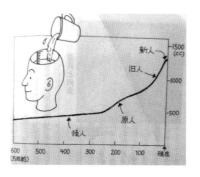

터 2만 년 전 강력한 무기로 동물들을 압도하며 더 이상 포식자 동물을 두려워하지 않게 되었다.

인류의 역사 🌱

1,000만~700만 년
전 침팬지(인간과 DNA
99% 동일)와 보노보와
의 공통 조상으로부터
갈려 나왔다. 700만 년
전까지는 공동의 조상

이었다. 그 조상은 침팬지와 같이 생겼을까? 침팬지도 진화했으므로
정확히는 알 수 없다.

700~440만 년 전의 인류는 뇌도 작고 치아도 침팬지와 비슷하나 두
다리로 직립 보행한 것으로 보인다.

가장 오래된 인류화석, 루시

370~290만 년 전 가장 오래된 인류화석 '루시'가 이티오피아 하다르
에서 발굴되었다. 직립보행 신인(新人)으로, 뇌의 크기는 원숭이 수준
이었다(현재 원숭이와 다른 점은 뇌의 크기이다). 인류의 기원이 여전
히 미궁으로 남아 있는 것은 화석이 부족하기 때문이다.

240만 년 전 호모속이 등장한다. 루시의 발견으로 실마리를 찾은 것
이다. 숲에서 초원으로 나와서 적응하는 데 시간이 걸렸다. 직립보행
의 발달과 건조기후 환경과 관계가 깊다. 이때에는 호모속을 포함해서
여러 종류의 원인이 나타났다가 사라졌다.

그리고 258만 년 전, 지구 온도가 일정한 루틴으로 안정된다.

과거 100만 년간 반복된 패턴 = 빙하기 10만 년 계속(이 중 2만
년은 아주 추움) + 온난화 간빙기 1만 년

그렇게 약 1만 년 전, 최후의 빙하기가 끝나고 현재는 간빙기이다.

영장류속에서 인류의 특징

- 직립 보행
- 뇌가 크다
- 도구의 다양화 · 복잡화

인류의 발전

원인(猿人) → 원인(原人) → 구인(舊人: 호모 사피엔스)

30만~4만 년, 유럽과 서아시아에 네안
데르탈인이 살았다

원인(原人)이란, 240만 년 전 존재한 호
모 하빌리스와 이어서 존재한 호모에렉투스
를 지칭한다. 호모 하빌리스는 육식을 했다
(수렵에 의한 것인지 죽은 사체를 먹었는지
는 불분명). 그리고 180만 년 전에 아프리
카를 나왔다.

호모에렉투스는 170만 년 전에 등장하였
으며, 자바원인과 베이징원인이 밝혀져 있

다. 자바원인은 110만 년 전부터 10만 년 전까지, 호모에렉투스의 한 지역집단을 일컬으며, 베이징원인은 공통 조상으로부터 갈라져 나와 중국 북부 · 동남아 등 다른 지역에서 독자 진화해 온 것으로 호모에렉투스의 한 집단이다.

구인(舊人) 출현

아프리카 원인(原人)이 진화해서 200만 년 전에 유라시아로 확산해서 자바원인이나 베이징원인이 등장하고, 60만 년 전에 뇌 용량이나 얼굴 모양이 현대인과 같은 인류가 출현했다.

이처럼 원인(原人)과 신인(新人: 현생인류)의 사이를 구인(舊人)이라 한다. 구인의 대표가 네안데르탈인이지만, 실제로 네안데르탈인은 유럽을 중심으로 분포되었던 구인의 한 집단이다.

유럽은 120만 년 전에 인류가 존재하고 60만 년 전에 큰 변화가 있었다. 60만 년 전 이후의 구인은 아프리카가 뿌리이다. 구인 중에서 네안데르탈인은 30만 년 전까지 유럽에서 살았고, 이어서 중앙 서아시아로 확산하였는데, 네안데르탈인의 상당수가 육식을 한 것으로 보인다. 구인의 분포는 일부 원인과 겹치나 대체로 유라시아 북방에 분포하였다.

호모 사피엔스(Homo sapiens)

호모속 개체의 비교 🌿

　호모속은 230~240만 년 전부터 지상에 존재해 왔으며, 그 호모속 중에서 우리와 가장 가까운 인간형 변종은 약 100만 년 전에 출현하였다.

　호모사피엔스 종(種)은 20만 년 전에 아프리카에서 탄생했는데 이 시기에 아시아에는 이미 호모 에렉투스가, 유럽에는 호모 네안데르탈렌시스가 존재했다. 호모 사피엔스와 호모 에렉투스의 공존 기간은 아주 짧았고, 호모 네안데르탈렌시스와는 4~5만 년에 불과했는데, 일부 지역에서 같이 살았던 곳도 있었다.

　그리고 5만 년 전, 아프리카에서 나왔다. 18,000년 전 빙하기에 사냥감을 찾아서 북으로, 시베리아 극지방으로, (빙하로 해수면이 낮아져서) 걸어서 북미 대륙으로 이동하였다.

호모속 개체들은 오랫동안 수렵채취자였는데, 호모 사피엔스만이 농업사회를 이룩하였다. 직업으로서의 농부는 11,000년 전에 출현하였다. 수렵 채취 마을엔 수십 명이 살았으나 농업 마을에는 100명이 넘게 모여 살았다. 인구가 수백 명에 이르는 도시는 8,000년 전이다(당시 모든 인구수는 700~800만).

인간은 왜 털이 없는가? 🖋

1,000만 년 이후의 세계는 격변의 시기였다. 200만 년 전 아프리카를 나온 원인(原人)이 각지에 흩어진 것. 현생인류는 현대인 호모사피엔스다. 인류 진화의 5단계 신인(新人)은 호모사피엔스에 대응한다. 구인과 신인은 다른 종(種)이다.

털을 가진 동물을 정온동물이라 하는데, 침팬지와는 다르게 인간은 털이 없어졌다. 그런데 한 가지 눈여겨보아야 할 사실은, 정온동물 중 수생과 반수생은 털이 없다는 점이다. 이 때문에 인간은 수백만 년 동안 해안가에서 살고 물에 들어가며 털이 없어졌다는 '수생 유인원 가설'도 있다.

일반 이론에 의하면, 인간에게 털이 없는 이유를 냉각 시스템의 개발로 본다. 숲에서 나온 700만 년 전부터 직립보행을 하게 되었는데, 300~200만 년 전, 유전자 변이로 땀샘의 수가 증가하면서 털이 없어졌다. 털에서 땀샘으로 바뀌었는데, 땀이 증발하면서 주변의 열을 흡수해 체온을 낮추는 효과를 갖게 되었다는 것이다.

참고로, 고래는 정온동물임에도 털이 없는 것은 수영에 지장이 있기 때문인데, 대신 피부 밑에 두툼한 지방층이 있다고 한다.

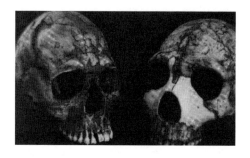

호모사피엔스(좌)와 네안데르탈인(우)

인간과 녹색 공간

인간의 눈 🌿

인간의 눈이 얼마나 많은 색깔을 인지하는지 아직 모른다. 다만 십만 ~천만 사이일 거라는 사실만 확인되고 있다. 그중 가장 많은 색조를 구별할 수 있는 것이 바로 초록색이다. 인간이 초록색을 잘 식별해야 하는 것은 생존 확률을 높이기 위해 절대적으로 필요했던 이유로 진화의 결과이다.

진화의 결과를 확인하는 또 다른 실험 🌿

동물이 갑자기 나타났을 때와 자동차가 갑자기 나타났을 때의 반응 속도를 측정한 결과, 동물 쪽이 훨씬 빠르다는 사실이 실험을 통해 밝혀졌다. 그것은 인간이 가장 강력한 포유류가 아니었기 때문에 늘 경계를 해 온 결과일 것이다.

녹색 공간이 필요한 이유 🍃

인간의 건강은 신체적, 정신적 그리고 사회적인 측면 모두 건강해야 한다. 녹색 공간(=숲)은 긴장이 풀리고 정신적 피로를 풀어 주는 곳으로, 오늘날 인간이 가장 많이 자주 사용하는 것이 스크린(screen)이다. 이 기계 자체가 많은 피로와 스트레스를 주기 때문인데, 이것이 바로 인간에게 녹색 공간이 필요한 이유이다. 녹색 공간이 많은 도시가 적은 도시보다 범죄율이 적은 것도 그 이유이다.

4부

죽음의 해부

또 하나의 위대한 발명 '死'

죽음과 재생의 반복 🌱

아메바 같은 원시적인 원핵생물은 性이 없이 끝없이 세포 분열해 가지만 늙었다고 피곤해하지도 않고, 즉 死란 존재하지 않는다. 하지만 같은 단세포생물로 짚신벌레 같은 진핵생물은 명확한 性 구별은 아니지만 그룹별로 유전자 교환을 함으로써 성 구별의 기초가 되었다.

짚신벌레는 700회 정도 분열하면 죽고 만다. 하지만 죽기 전에 다른 짚신벌레와 접합해서 유전자를 교환하여 새로운 짚신벌레로 태어나면 분열 회수가 리셋되어 다시 700회 가능하다. 다시 태어난 짚신벌레는 원래 것과는 다른 개체이다. 그러니 원래 것은 죽었다고 보는 것이 타당하다. 이렇게 하여 진핵생물은 죽음과 재생을 반복하는 것이다.

死란 무엇인가? 🌱

세포가 둘로 나누어질 때 죽은 원개체의 사체는 남지 않는다. 원개체와 똑같은 단세포생물이 두 개로 될 뿐이다. 죽은 개체의 사체가 남지 않는다는 것은 死는 없다는 의미이다. 38억 년 전 생명 탄생 이래 모든 것이 단세포생물이었을 때에는 死는 존재하지 않았다. 死가 존재한 것은 10억 년 전부터의 일이다. 죽음은 38억 년 생명의 역사 가운데 생명 자신이 개발한 위대한 발명이다.

한 생명이 복사만 해 간다면 새 제품을 만들 수는 없다. 오히려 열화되어 갈 뿐이다. 여기서 생명은 복사하는 것이 아니라 한 번 파괴한 후 새롭게 만드는 방법을 채택했다. 그런데 완전히 파괴하면 원상복구가 어려우니 원유전정보를 가진 새 작품을 만들게 된 것이다. 여기서 암수가 생기고 죽음도 생겼다.

性 시스템의 발명

'살아 있다는 것'은 DNA라는 물질을 사용하여 자신의 유전정보를 다음 세대에 전달하고 있다는 것을 의미하며, 이것은 모든 생물에 적용된다. 유전자를 교환하여 새로운 것을 만들고 옛것은 없어진다. 性 시스템의 발명이 가져온 발명이다. 생명을 영원히 지속시키기 위하여 스스로 파괴하고, 새로운 생명에게 바통 터치하는 것이다. 영원을 위하여 발명한 위대한 시스템이다.

세균의 죽음

세균은 영양이 있는 한 영원히 증식하며 노화는 없고 단지 사고사(事故死: 먹히거나 굶주림 환경의 급변 등으로 인함)가 있을 뿐이다.

단세포 진핵생물의 죽음

단세포 진핵생물 중에 균류에 속하지 않는 것을 원생생물이라 한다. 짚신벌레나 연두벌레인데 이들은 세균보다는 크고, 다기능이다. 짚신벌레는 증식을 거듭하면서 노화가 진행되고, 연두벌레는 호조건이라면 1일 3회 분열하는데 총 600회 분열하면 노화로 죽는다. 하지만 중간에 다른 개체와 접합해서 유전물질을 교환하면 리셋되어 0회부터 다시 시작하므로 영원히 지속 가능하다.

죽음의 두 가지 종류 🌿

생명체에 어떻게 죽음이 생긴 것일까? 죽음에는 두 가지가 있다.

- 사고사: 병, 먹이로 먹혀서, 굶어서
- 수명사: 유전적인 프로그램(種에 따라 다르다)

일반적인 자연계에서 대형동물은 수명사, 소형은 사고사가 많다.

사고사(事故死)

먹히지 않으려는 진화가 계속되었다. 왜 장어는 몇천 킬로미터 심해까지 이동해서 알을 낳는가? 가까운 데서 낳으면 더 영양도 많고 기르기도 쉬울 텐데….

하지만 그 옛날 가까운 데서는 산란하는 대로 포식자에 먹혀 멸종하다 보니, 포식자가 없는 곳까지 가지 않을 수가 없었다. 연어는 왜 최상류까지 가야만 할까? 포식자가 적고 태어난 곳이므로 익숙하기 때문이다. 연어는 태어난 곳의 냄새를 오랫동안 기억한다.

수명사(壽命死)

대형 나무나 동물들은 수명사하는 경우가 많다. '진화가 생물을 만들었다'라면 수명도 생명을 지속하려는 의미에서 중요하리라. 거의 모든 생물이 수명을 갖고 있다. 예외는 극소수이다. 플라나리아(planaria)는 정해진 수명 없이 영원히 지속하는 것으로 알려져 있다. 전신에 어떤 상황에도 분화 가능한 만능 세포, 즉 수정란과 같은 것을 갖고 있어 그것이 손상된 부분을 재생시키는 것이다.

'수명'이라는 사인(死因)은 과학적으로 정의 내린 것은 아니다.

쥐의 수명은 중형은 10년, 대형은 20년이다. 대형이 포식자에 먹히기 어려운 만큼 수명이 길다. 먹혀 죽는 것이 수명을 다하고 죽는 것으로 변했고, 결국에는 노화로 먹이를 구할 수 없어서 죽게 된다.

대형동물의 죽음

세포의 크기는 대체로 같은데 큰 몸집을 만들기 위해서는 많은 세포와 긴 시간이 필요하다. 코끼리는 22개월 동안 임신하고 다 자라는 데까지 20년이 걸리고 80살까지 산다. 대형동물의 경우, 포식되어 죽는 비율은 낮고 대부분 수명사이다.

인간의 죽음 🍃

인간은 왜 죽는가?

인간의 죽음은 사고사 또는 곤충들의 프로그래밍 죽음과는 다르다. 노화 과정에서 죽는다. 노화는 세포 레벨에서 일어나는 불가역적 생리 현상으로 세포의 기능이 서서히 저하되어 결국에는 죽는다.

죽음(死)과 뇌사(腦死)

- 죽음의 3조건: 호흡 정지, 심박 정지, 동공 산대
- 뇌사: 판정이 간단하지 않아 각국이 알아서 정하는 현실

곤충의 죽음 🍃

지구상에는 이름이 붙여진 생물 종이 180만 종이고 그중 2분의 1이 곤충이다. 제일 나중에 나타난 것이 절족동물이며, 그중 하나가 곤충으로서 가장 진화한 생물이다.

곤충의 죽음은 먹혔을 경우와 수명을 다하는 경우로 나눌 수 있다. 그런데 곤충은 먹혀서 죽는 비율이 매우 낮다. 먹히지 않으려는 방향으

로 진화하여 잘 먹히지 않는 종이 살아남았기 때문이다. 곤충의 특징은
변태이다.

생물의 죽음 🌱

생물은 왜 죽는가?

많은 생물은 먹히거나 먹을 게 없어 아사한다. 먹혀 죽어도 포식자의
생명을 연장하므로 생물 전체로 봐서는 문제가 아니다. 수명사도 자손
을 남기니까 '생명 총량'은 변하지 않고 먹고 먹히고 번식하면서 생사를
반복하는 것은 생물 다양성을 증진하고 생물계의 안정성을 강화하는
바, 생물에 있어서 죽음은 후손을 남기는 것과 같이 자연스럽고 필연적
이다.

연어는 산란과 동시에 죽고 사체는 다른 생물의 먹이가 되고 돌고 돌
아 치어의 먹이도 된다. 사람들은 죽음에의 공포가 매우 크다. 죽음은
사람만의 감각일까? 강한 감정의 동물이기에 어쩔 수 없는 일이다.

생물이 죽어야 하는 이유 두 가지

첫째, 식료나 생활공간의 부족.

천적이 적어서 먹히지 않는 생물이라도 역으로 수가 많이 불어나면
식료가 부족해지고, 이것은 급격하게 개체 수 감소로 이어진다. 개체
수가 불어났다 줄어들었다가 하며, 또는 자손을 적게 남기거나 해서 균
형을 잡는다.

둘째, 다양성을 위해.

생물은 격변하는 환경 속에서도 존재할 수 있도록 진화해 왔다. 살아남기 위한 시스템은 '변화와 선택'이다. 변화는 쉽게 변할 수 있는 것, 즉 다양성을 확보하도록 프로그래밍되어 있다.

자손이 조상보다 우수한 이유

생물의 성립은 변화와 선택에 의한 진화의 산물이다. 성에 관해서는 포자, 정자, 알 등으로의 변화를 낳았고, 조상이 죽음으로 인해 일족의 또 다른 변화를 가져왔다. 당연하지만 자손이 조상보다 충만한 다양성을 보유함으로써 점점 우수한 자손을 남기는 전략이다.

오래 살려는 생각은 이기적인가?

죽음 자체는 프로그램인지라 거스를 수는 없지만, 사람은 감정의 동물인지라 죽음에 대한 공포감이 있어서 조금이라도 오래 살려고 노력한다.

죽음은 생명의 연속성을 지탱하는 원동력

생명이 변화와 선택을 실현하는 방안으로 죽음을 통하여 생물이 탄생하고 진화하여 살아남는 것이다. 생물이 지구상에 나타난 것은 '우연'이였지만 죽음은 '필연'이다. 파괴 없이 다음이 없다는 turn over. 결국 죽음은 생명의 연속성을 유지하는 원동력이며 모든 생물에게 필요한 것이다.

생물은 기적같이 나타나서 다양화하고, 멸종을 반복하며 진화해 왔다. 기적 같은 생명을 다음 세대로 이어 준다는 이타적인 죽음이다. 자손을 남겼건 아니건 그것은 문제가 아니다. 자손을 남기지 못하고 사라진 생물들은 셀 수도 없을 정도이다. 우리는 다음 세대를 위해 죽어야 한다.

죽음의 이모저모

매미의 죽음

식물원 도로 위 여기저기에 위를
향한 사체가 떨어져 있다. 곤충은
경직되면 다리가 수축되어 관절이
구부러지기 때문에, 지면에 몸을 가
눌 수가 없어 뒤집혀 넘어진다. 죽은 줄 알고 다가가면 갑자기 퍼드덕
거리며 몸을 떨기도 하는데, 이미 기진하여 일어날 힘이 소진되어 죽기
직전이다.

죽은 체하는 것이 아니다. 하늘을 바라보며 죽음을 기다리는 그네들
은 무슨 생각을 하는 것일까? 눈부신 파란 창공을 보며…. 하지만 눈이
등 쪽에 붙어 있으니, 하늘이 보일 리가 없다. 사실 복안이라 시야가
넓지만 뒤집어져 있으면 땅만 보일 뿐이다.

주위에 흔하게 보이지만 그 생태는 놀랍게도 미지의 세계인 채로 남
아 있다. 다만 성충으로 수 주간 정도를 아주 짧게 산다고 한다. 하지
만 유충으로는 지하에서 수년(보통은 7년)을 산다. 사실 곤충의 대부분

은 알에서 성충이 되어 죽기까지 1년이 안 된다는 사실에 비추어 보면 오히려 장수하는 편이다. 보통 7년이라고 알려졌지만, 구체적으로 잘 알려져 있지 않은 것은 장기간에 걸친 연구가 어렵기 때문이다.

그렇다면 왜 그토록 오랫동안 유충으로 머무는가?

나무에는 도관과 체관이 있는데, 매미의 유충은 이 도관에서 물을 빨아 먹으며 산다. 그런데 도관은 뿌리에서 올라가는 물이라 영양이 미미하여 유충의 성장이 느리기 때문이다.

한편 활동량이 많은 성충은 영양이 많은 체관에서 물을 흡수하는데, 많은 에너지가 필요한 만큼 많이 마셔야 하니까 많은 물을 배출한다. 성충의 유일한 살아 있는 목적인 짝짓기를 끝내면 죽는다. 나무에 매달릴 힘을 잃은 후 땅에 뒹굴며 죽는다. 하늘을 향한 매미들의 사체가 길바닥에 가득한 이유다.

집게벌레의 죽음

역시 수목원에 자주 나타나는 벌레로, 집게가 뒤쪽에 있다는 것이 특징이다. 바퀴벌레가 '살아 있는 화석'이라 일컬어지는 이유는, 긴 두 개의 꼬리털이 있는데 이 꼬리털은 원시적 곤충들의 특징

인바, 집게벌레의 집게는 이 두 가닥의 꼬리털이 발달한 것으로 추정된다.

돌을 뒤집으면 몇 마리의 집게벌레가 보이는데, 갑자기 밝아져서 당황해 도망가는 것이 있고 개중에는 집게를 들어 올려 인간을 노려보며 일전을 불사할 듯한 자세를 잡는 것도 있다. 그런데 도망가지 않는 것은 다름 아닌 옆에 있는 알을 지키기 위함이다. 그래서 집게를 뻗어 올려 노려보는 것이다.

개구리, 도마뱀, 새, 포유류 등 수많은 생물이 곤충을 먹이로 하는 만큼 약한 존재가 곤충이다. 대부분의 곤충은, 부모가 잡아먹히는 상황이니 알을 지키는 것은 애초 무리인지라 알을 낳고는 나 몰라라 할 수밖에 없는 불가피한 상황이다.

이러한 엄중한 상황에서도 물장군이나 전갈은 자식을 지킨다. 집게벌레도 마찬가지로 자신의 집게를 이용하여 나름 끝까지 알을 보호하는 길을 선택한다. 전갈과 거미는 엄마가, 물장군은 아빠가 지킨다. 집게벌레는 엄마가 지키는데, 산란쯤에 수컷은 사라지고 애기들은 아빠의 얼굴을 모르는 것이 대부분 자연계의 법칙이다.

집게벌레는 낳은 알 하나하나를 다듬어 주며 곰팡이가 슬지 않게 하고 공기에 잘 접촉되도록 알을 굴려 주기도 하고 지극정성으로 돌보느라 먹지도 않고 자지도 않는다. 부화할 때까지 40일 내지 최장 80일 동안 알을 지킨다. 드디어 부화하면 엄마의 역할이 끝나는가 싶지만, 중요한 최후의 의식이 남아 있다.

집게벌레는 육식으로 작은 곤충을 먹는데, 어린 유충들은 곤충을 잡을 능력이 없으므로 배고픈 나머지 엄마의 주위에 모여 앞다투어 엄마의 몸을 뜯어 먹는다. 엄마는 아이들이 먹기 좋은 자세를 취해 주기까지 하며 미동도 하지 않은 채 죽어 간다. 감동의 모성애! 그녀는 천천히 죽어 가며 맛있는 식사를 즐기는 새끼들을 보면서 무슨 생각을 하였을까?

식사를 끝낼 무렵에 봄이 찾아왔다. 새끼들은 엄마의 잔해를 남기고 세상으로 진출한다.

연어의 죽음

연어는 태어나 자란 곳으로 반드시 돌아온다고 한다. 우리나라에서는 양양의 남대천이 유명하다. 강에서 태어난 어린 연어는 바다로 나가 기나긴 여행을 계속한다. 그 구체적인 삶은 아직 베일에 싸여 있다. 강으로 거슬러 올라오는 것들은 대부분 4살짜리. 수년간 바다에서 사는 동안 약 16,000㎞라는 엄청난 거리를 여행하다가 태어난 고향으로 마지막 여행을 떠난다.

그런데 그들은 왜 고향으로 돌아가야만 하는가?

그리워서일까? 그럴지도 모르지만, 고향으로 돌아가는 길은 죽음으로의 여행이다. 마지막 여행인 것을 아는지 그야말로 사투 그 자체이다. 죽음의 여행으로 이끄는 동기는 무엇일까? 후손을 남기는 일이 중요하다고는 하지만, 꼭 고향 땅이라야만 하는가?

아직 밝혀지지 않은 수수께끼이지만, 아마 바다는 먹고 먹히는 살벌한 곳이라 연약한 일부 물고기는 살기 쉬운 바다를 떠나 하구에 이주했을 것이다. 하구는 염분 농도가 약하여 생명에 위험한 곳이다. 하지만 어쩌랴? 그래도 덜 살벌한 곳이니….

하지만 먹이가 불충분하기에 다시 바다로 돌아가서 충분한 알을 낳을 수 있는 큰 몸집을 만들었다. 그런데 왜 알을 강으로 와서 낳는가? 천적으로 가득한 바다에 알을 낳으면 무방비로 천적에 당할 것은 뻔하므로 비교적 안전한 강으로 오는 것이다.

그런데 멀고도 먼 고향을 어찌 찾아낸다는 것인가?

강의 냄새로 알아낸다고 한다. 불가사의 아닌가? 그리던 고향의 강은 염분이 적은 위험한 환경이므로 한참을 하구에서 적응 훈련해야 한다. 이때 연어의 몸은 아름답게 광택이 나고 자신감이 충만한 매력이 넘치는 모습으로 바뀐다. 마지막 여행을 위한 준비를 마친 것이다.

가을에 접어들어 고향을 향한 위험천만한 여행을 시작하지만, 넘기 어려운 위험한 관문이 도처에서 기다리고 있다. 일단 하구에서 어부들의 어망을 벗어나야 하고, 연이어 곰들의 날카로운 발톱도 조심해야 한다. 겨우 살아남아도 이제는 인공물을 뛰어넘어 거슬러 올라가야 한다. 여러 번 시도한 후에야 가까스로 성공한다. 이어 자연폭포가 가로막고 있다. 끝없는 난관을 모두 돌파해야 한다. 기진맥진할 만도 하다.

어도(魚道)를 만들어 도와준다고는 하나 일부만이 우연히 그 길에 들어서서 통과할 뿐이다.

겨우겨우 드디어 상류에 도착하니 그리던 강의 냄새가 반겨 주었다. 그리고 이내 강바닥을 파서 알을 낳으면 수컷들이 정자를 뿌려 준다. 이어서 조용하게 눈을 감는다. 가혹했던 여행으로 죽는 것이 아니다. 할 일을 완수했다는 안도감에 기진할 것이다.

그들은 이 여행의 종착지가 죽음이라는 것을 알기나 할까? 인간은 죽는 순간 일생의 여정을 주마등처럼 떠올린다는데, 이들의 머리에는 무엇이 떠오를까? 고향의 냄새에 묻혀 행복하게 죽어 간다. 죽어 간 연어의 사체는 수많은 플랑크톤의 먹이가 되어, 또 다른 생명들에게 기쁨이 된다.

모기의 죽음

우리와는 잘 사귀지 못한 모기는 평상시는 암수 모두 꽃의 꿀이나 식물 액을 빨아 먹는 지극히 온화한 곤충이지만, 암컷은 때때로 흡혈귀로 변한다. 암컷은 알의 영양분으로 단백질이 필요한데, 식물의 액으로는 불충분하므로 동물의 피를 뽑지 않으면 안 되는 처지이다.

한편 수컷은 위험을 감수하며 동물의 피를 빨 필요는 없다. 집단으로 있다가 암컷을 유인해 짝짓기만 즐기면 된다. 교미를 끝낸 암컷은 작은 물만 있으면 산란한다. 수일 후 부화하고 1~2주 후 성충이 되어 운이 좋으면 1개월을 산다.

인간의 피를 빨아 먹는 해충이지만 모기로서는 자식을 위해 결사의 각오로 모험을 감행하는 것이다. 더구나 현대의 가옥은 조그만 빈틈도 허락하지 않는 데다가 살충제라는 무시무시한 독약 세례까지도 감수해야 하는 모험이다. 침입에 성공했다 해도 탈출이 한층 어려운 모험이다. 탈출구를 찾기도 어렵지만, 흡혈로 무거워진 몸으로 날기도 버거운 상태이기에 더더욱 어려운 모험이다.

어렵게 난관을 뚫고 피부에 안착해서 침을 꽂는데, 우리는 하나의 침을 꽂는 것이라고 알고 있지만, 사실은 6개의 침을 사용하는 대작업이다. 대부분은 그 6개의 침을 모두 사용하기도 전에 인간의 장풍에 의해 죽고 만다. 그야말로 장렬한 최후이다.

하루살이의 죽음

우리 속담에 '하루살이 인생'이라고 하면 덧없는 인생을 뜻한다. 과연 하루살이는 덧없는 생을 사는 것일까? 물론 성충은 불과 몇 시간밖에 못 살지만, (보통 곤충은 알에서 성충이 되어 죽을 때까지 1년 이내인 것을 감안한다면)

유충의 수명이 2~3년인 것을 생각하면 결코 짧은 삶이 아니다.

그런데 하루살이가 특별한 점은 보통은 유충이 우화하여 성충이 되지만 하루살이는 다르다는 데 있다. 유충이 우화해도 성충이 되지 않고 그 전 단계인 '아성충'이 된다. 아성충은 날개가 있어 날 수는 있지만 다시 탈피해야 성충이 된다.

이 단계는 진화의 과정에서 원시 형태이다. 지구상 최초의 곤충은 날개가 없었고, 하루살이는 최초로 날개를 발달시켜 공중을 난 것이다. 그로부터 3억 년이 지나도록 하나도 변함없다는 것이 경이롭다. 그래서 '살아 있는 화석'이다. 살아남은 자가 최강이라 한다면 하루살이야말로 최강의 생물이다.

그렇다면 어떻게 3억 년을 살아남았을까?

비밀은 '덧없는 생명'에 있다. 성충은 단지 짝짓기 목적만을 위해 존재한다. 입은 퇴화하여 먹이를 먹을 수 없다. 만일 성충이 오래 살면 자손을 남기기 전에 천적에 당하거나 사고로 죽고 말 리스크가 커진다. 제대로 날지도 못하니까 천적으로부터 도망칠 수도 없고 따라서 자신을 지킬 수 없는 신세이다.

그들은 저녁 무렵 우화를 일제히 시작하는데, 그것은 천적인 새들로부터 도망칠 수 있기 때문이다. 하루살이가 지구상에 처음 나타났을 때는 새들의 영향은 없었지만, 오랜 진화의 과정에서 새들을 따돌리려는 지혜의 산물이다.

하지만 저녁에도 박쥐라는 천적이 기다리고 있으나 워낙 대(大)무리

인지라 하루살이들을 다 먹어 치울 수는 없어 일부는 살아남는다. 이 큰 무리를 이루는 동안 짝짓기가 이루어진다. 그리하여 천명(天命)을 달성한 수컷들은 죽는다. 이후 암컷은 수면(水面)에 앉아 산란해야 한다. 하지만 이번에는 물고기들이 닥치는 대로 먹어 치운다. 살아남은 것들은 무사히 산란 임무를 마치고 죽어 가며, 그 암컷 사체들은 물고기들에게는 맛있는 식사 거리가 된다.

밤사이에 그 큰 무리가 모두 사라져 버리는 덧없는 짧은 일생이다. 이 덧없는 일생이 3억 년을 살아남은 기적 진화의 산물이다.

안테키누스의 죽음

체장 10㎝의 캥거루 같은 유대류로 오스트레일리아에서 진화하였다. 유태반류 고양이, 이리, 두더지, 하늘다람쥐 등은 모두 호주에서 '주머니○○○'식으로 각각 다르게 진화했다.

안테키누스(antechinus)는 유태반류로는 쥐와 닮아 있다. 쥐는 1년 정도의 짧은 삶 동안 많은 자손을 남기는 전략을 구사한다는 점도 안테키누스와 같다. 수명이 2년인 안테키누스는 태어나서 10개월 자라면 생식력을 갖는 어른이 된다.

수컷은 수명이 1년이다. 다른 동물들은 수컷들의 치열한 경쟁 끝에 암컷에로의 연정을 숙성하지만, 안테키누스 수컷은 이런 연정 같은 것은 일절 없이 단지 교미만을 서둘러 반복해 간다. 1년 수명인 수컷에게 허락된 번식 기간은 불과 2주이므로 이것저것 따질 겨를이 없다. 그런데다가 그들의 성생활은 참으로 애절하다. 안테키누스 수컷은 교미만을 반복하기 위해 체내의 남성호르몬 농도가 지나치게 올라가 생존을 위한 면역체계가 붕괴되기 때문에 죽어 간다.

수컷은 단지 번식 도구에 지나지 않도록 진화해 왔다면 너무나도 잔인하지 않은가. 목숨을 미래에 기꺼이 바치는 이들의 단순함이 너무 복잡하게 사는 우리에게 시사하는 바가 있어 보인다.

문어의 죽음

외계에서 온 생물이라고 한다면 옥수수와 문어라고 할 수 있을 것이다. 문어는 생김새가 아주 특이한데, 머리처럼 보이는 부분이 몸체이다. 무척추동물 가운데서는 지능이 높은 편이  며, 아이들을 기르는 문제로 고민하는 희귀한 생물이다.

천적이 들끓어 자신의 안위를 지키기도 어려운 환경에서 자식을 보호하기는 거의 불가능하여 대부분이 알을 낳는 쪽을 선택한 것이다. 어류에서는 아이를 키우는 쪽은 아빠가 압도적으로 많다. 이유는 추측건

대 암컷은 가능한 한 많은 알을 낳는 데 집중하기 위함이 아닐까? 하지만 문어는 암컷이 키운다.

수명이 1년에서 수년이고 일생 단 한 번 번식한다. 번식은 생애 최후 최대의 이벤트인 셈이다. 그 단 한 번의 기회를 쟁취하려는 수컷들의 전쟁은 참으로 잔혹하다. 몸이 다 찢어져 죽어 가면서도 싸움은 계속된다. 그렇게 쟁취한 기회를 살려 교미에 성공하면 수컷은 즉시 죽는다.

암컷은 알을 낳고 부화할 때까지 종류에 따라 다르지만 1개월 내지 10개월을 지켜 낸다. 아무것도 먹지 않고 입구를 잠시도 떠나지도 않고 지극정성으로 알을 돌본다. 천적들의 공격을 막아 내며 사투를 계속한다. 이윽고 부화하여 새끼들이 헤엄치는 모습을 바라보며 어미는 탈진하여 죽는다.

개복치의 죽음

난소 안에 3억 개의 미성숙 알이 발견된 적이 있을 정도로 많은 수의 알을 낳는 것은 확실하다. 모든 생물은 작은 알을 다산할 것인가, 아니면 큰 알을 소산할 것인가를 환경에 맞게 선택한다. 물고기 대부분은 전자를 택한다.

수억 개의 알을 낳아도 건강하게 자랄 개복치는 소수에 불과한 것이,

살벌한 천적으로 가득한 바다 생태계이다. 어른으로 자랄 확률은 로또 확률보다 낮다고 한다. 육지의 버드나무의 씨앗이 큰 나무로 성장할 확률이 10억분의 1이라고 하니, 바다나 육지나 자손을 남기는 일이 만만하지 않은 모양이다.

해파리의 죽음

찰리 채플린은 '해파리도 사는 보람이 있다.'라고 했다. 그들은 살아 있는 그 자체가 보람일 수도 있겠다. 그들이 지구상에 나타났을 때는 5억 년 전으로, 아직 물고기도 없던 시대이다. 단세포생물이 다세포생물로 진화한 직후니까 상당히 오래된 생물이다.

해파리의 수명은 길어야 1년이며 알을 낳은 후 죽는다. 그런데 여기 죽지 않는 해파리가 있다. '작은보호탑해파리'이다. 보통 해파리는 플라눌라(planula), 폴립(polyp), 스트로빌라(strobila), 에피라(ephyra)를 거쳐 해파리가 되는데, 작은보호탑해파리도 마찬가지이지만, 죽음을 맞이하여 죽었다고 생각할 즈음 작은 폴립(polyp)으로 다시 태어나는 것이다. 즉, 다시 젊음으로 돌아가는 것이다. 몇 번이고 반복한다.

이것이야말로 불로불사(不老不死) 아닌가? 이렇게 하여 5억 년을 살아온 것일까? 궁금하다.

바다거북의 죽음 🌿

여기저기 바다거북 사체가 해 변에서 발견된다. 익사한 것이 다. 바다에 사는데 익사라니! 웬 말인가? 바다거북은 원래 육
상에 살았는데 진화 과정에서 바다로 들어갔다. 파충류이므로 허파로 숨을 쉬기 때문에 수시에 한 번 수면 위로 올라와 숨을 쉬어야 하는데, 그때 어망 같은 데에 걸려서 죽는다.

암컷은 해안가 모래 속에 알을 낳는다. 물속에서는 숨을 못 쉬기 때 문이다. 그런데 최근에 급격하게 모래밭이 줄어들고 차도 많이 다니 기에 어두워야 다닐 수 있는데, 야간에 각종 빛으로 방해를 받고 있으 니 여러모로 애로가 이만저만 아니며 위험천만이다. 부화한 새끼 거 북이들이 바다로 돌아가는 도중에 잡아먹히는 등 '산 넘어 산'이다. 바 다거북은 50~100살 정도 사는데, 마지막 여행은 고향으로 돌아오는 것이다.

마린스노우의 정체 🌿

빛이 닿지 않는 심해에 흰 눈처럼 떠 있는 물체가 있다. 마린스노우 (marine snow)라 불리는, 플랑크톤의 死체이다. 플랑크톤은 그리스어 로 '떠다닌다'라는 뜻으로, 떠다니는 작은 미생물을 의미한다.

플랑크톤에는 작은 치어, 게, 새우 새끼, 물벼룩 또는 미생물이 섞여 있으며 작은 단세포생물도 플랑크톤이라 부른다. 단 하나의 세포로 이루어진 단세포

생물은 원시적 생물로 단순하게 세포분열로 증식한다. 하나의 세포가 두 개로 나누어진다. 이것은 원래의 개체가 죽고 새 개체가 태어난 것일까, 아니면 원개체가 살아 있는 채 분신한 것일까?

병사진딧물의 죽음

진딧물의 한 종류가 아니다. 싸우기 위해 태어난 암컷들이다. 4,000여 종의 진딧물 중에서 50여 종이 병사진딧물이라는 계급을 갖고 있다.

태어나면서 무기가 주어져 싸울 수 있는 병사이다. 무기는 두꺼운 피부도 뚫을 수 있는 구침(口針)이다. 적이 나타났을 때, 이 구침을 찌르면 독이 들어가 적을 쓰러뜨린다. 진딧물을 잡아먹으려는 천적으로부터 무리를 보호하는 것이다.

보통의 진딧물은 알에서 태어난 일령 유충으로부터 탈피를 반복하여 성충이 되지만, 병사진딧물은 막 태어난 일령 유충인 채로 성장하지

않는다. 성장의 시스템이 확립되어 있지 않은 것이다. 성충이 되는 것은 자손을 남기려는 목적인데, 병사진딧물은 오로지 전투 목적 하나인지라 성충이 될 필요도 없으니 유충인 채로 전투를 하다가 유충인 채로 죽어 간다.

보통 진딧물의 수명은 1개월 정도이지만 병사진딧물의 수명이 미궁인 것은 싸우느라 수명을 다하는 것이 많지 않기 때문이다. 진딧물 암컷은 스스로 같은 유전자를 가진 자식을 낳을 수 있는데, 그중 어떤 것은 성충으로 성장하고 또 어떤 것은 유충으로 전투에 참가해야 하는 숙명이다. 같은 자매인데도 극과 극의 운명이다. 어떤 메커니즘으로 이렇게 되는지는 수수께끼이다.

부전나비, 풀잠자리, 무당벌레 등등 진딧물 포식자들이 많아 아무리 많이 낳아도 포식자들에게 당할 뿐이다. 그런데 병사진딧물의 희생적인 전투 덕분에 종족을 유지하는 것이다. 스스로 자식을 만들지 못하는 대신 전투로 종족을 유지케 하는 것이다. 이렇듯 진딧물의 세계는 병사진딧물의 보호 덕분에 평화를 유지할 수 있게 된다.

목화진딧물의 죽음

1년도 살지 못하는 곤충들은 사계를 알 리 없고 봄을 기다리는 마음도 있을 수 없다. 눈처럼 하얗게 보이는 것은 하얀 왁스 같은 것을 목화처럼 걸치고

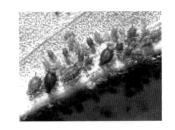

있기 때문이다. 날기 위한 날개는 있으나 실상 날 힘이 약하다. 눈송이처럼 바람에 흩날리는 모습이다. 겨울이 온다는 사실을 알리는 것이다. 우연히도 실제 눈발이 날리기 시작하는 시절에.

진딧물은 통상 날기 위해 날개를 갖고 있는 것이 아니다. 진딧물은 수컷이 없어도 생산이 가능한 '단위생식' 능력이 있는데, 알을 낳는 것이 아니고 체내에서 부화시켜 암컷 유충을 낳고 봄부터 가을까지 폭발적으로 증식시켜 나간다. 여기에 문제가 있다. 완전히 같은 성질의 복제품이므로 다양한 환경을 극복하기 어렵다는 것.

그래서 투 트랙(Two tracts) 전략을 구사한다. 다른 한편에서는 다양한 자손을 남기기 위해 단위생식이 아닌 암수 교미를 통해 자손을 만드는 것이다. 목화진딧물은 겨울 전령사이기는 하지만, 실제 겨울이 오면 죽는다. 덧없는 일생이다. 늦은 가을에 태어나서 겨울이 찾아옴과 동시에 죽는다.

두꺼비의 죽음

수생식물원에 자주 보이는 두꺼비들이 길을 건너는 모습을 보면 아슬아슬하다. 왜 이 위험천만한 길을 건널까? 두꺼비는 수변에 사는 것 같지만 사실은 초원이나 숲에 산다. 그런데 올챙이는 물에 사니까 초봄에, 동면에서 깨어

난 후 알을 낳으려고 밤에 물 있는 곳까지 수 킬로미터의 거리를 이동한다.

특히 보름달 밤에 산란이 피크를 이룬다. 아무 물이 아니고 반드시 자기가 태어난 고향 웅덩이를 찾아온다. 10년 이상 사는 동안 이처럼 매년 웅덩이와 숲을 왕복한다. 이 여행의 역사는 참으로 오래되었을 것이다. 차량의 헤드라이트에도 비킬 생각을 안 하고, 아니 경계조차 하지 않는다. 그래서 많은 개체가 길을 건너면서 사고를 당한다.

도롱이벌레의 죽음 🌿

광릉숲에서도 자주 보인다. 마른 잎
이나 마른 가지에 집을 짓고 사는데,
나중에 주머니나방이 된다. 가끔 집에
서 얼굴을 내밀고 잎을 갉아 먹으며 겨
울이 오기 전에 집을 가지에 고정한 후
그 속에서 겨울을 난다.

봄이 되면 그 속에서 번데기를 거쳐 성충이 되어 밖으로 나와 짝을 찾아 날아간다. 하지만 밖으로 나오는 것은 수컷뿐이다. 암컷은 밖으로 나오지 않는다. 그 속에서 페르몬으로 수컷을 부르며 올 때까지 기다린다. 집 밖은 위험하고 안은 안전하기 때문이다.

성충이 되어도 번데기 속에 있으니, 다리도 날개도 없고 날기도 어려운 상황에 오로지 몸집을 늘려 알을 많이 낳을 궁리만 한다. 냄새를 맡은 수컷이 다가와 옛 우리 조상처럼 서로 얼굴을 볼일도 없이 번데기 속으로 복부를 넣어 교미한다.

그리고 번데기 속에서 알을 낳고 조용히 죽는다. 유충이 나올 즈음에는 조금 남은 사체가 밑으로 떨어져 버린다. 작은 집에서 나오지 못하고 일생을 마치는 것. 그 속에도 행복은 존재하는 걸까?

무당거미의 죽음

그녀의 엄마는 늦가을에 알을 낳고 죽는다. 봄이 되면 알에서 깨어난 새끼들은 나뭇가지 끝에 엉덩이로부터 실을 뽑아 그 실을 타고 날아오를 것이다. 마치 민들레가 면봉을 타고 오르듯이.

거미의 이동 거리는 100m 정도라고 알려져 있다. 그러고는 거미줄을 쳐서 먹잇감을 기다리며 살아간다. 운 좋으면 며칠 만에, 최악의 경우엔 한 달을 굶어 가며 끈질기게 조바심 내지 않고 기다린다. 거미집 가운데 보이는 것은 암컷. 그리고 주위에 수컷 몇 마리가 있다. 암컷 성체는 2~3㎝인데 수컷은 1㎝ 정도로 작다.

수컷들은 어릴 때는 각자 집을 짓고 지내다가 여름이 되어 어른이 되면 암컷 집에 모여들어 기식한다. 수컷은 암컷보다 일찍 생식능력이 생기기 때문에 암컷 집에 잠입했다가 암컷도 생식능력이 생기면 즉각 교미한다. 이윽고 늦가을이 되면 암컷은 산란한다.

어쩌다 작은 먹잇감이 걸려들어도 재빠른 수컷들의 차지. 잠자리 정도로 큰 것이 걸려들면 눈 깜짝할 사이에 암컷이 낚아챈다. 잠자리뿐만이 아니다. 수컷들도 잡아먹히기 일쑤라서 암컷에게 접근하기 어려운데, 단지 맛있는 식사를 즐기는 사이에 재빠르게 다가가서 교미한다.

새 같은 포식자들이 우글거리는 위험을 뚫고 살아남아 늦가을에서 초겨울 사이의 나뭇가지에 알을 낳는다. 그 이후는 각양각색으로 집에 돌아오지 않고 사라지는 것과 집에 돌아와 죽는 것 등. 하지만 그 누구도 겨울을 날 수는 없다.

死에 관한 기상천외한 가설

※ 만약 Zero Point Field 가설이 맞는다면 '불가사의한 의식 현상'을 과학적
으로 명쾌하게 규명될 것이며 수천 년 인류 역사의 수많은 신비한 현상도
설명될 것이다.

영원한 수수께끼 '死'

죽음, 그것은 인류에 있어서 최대의 수수께끼이다. 죽은 후에 우리
의 의식은 어찌 될 것인가? 사후세계는 있는 건가? 있다면 어떤 모양인
가? 공자는 "사후는 모르는 영역이다."라고 했고, 슈바이처도 "죽음이
란 모차르트를 들을 수 없는 것"이라고 했다. 죽음에 대한 관점을 크게
종교적 관점과 과학적 관점, 의학적 관점으로 나누어 볼 수 있다.

- 종교적 관점: 사후의 세계가 존재한다는 것을 전제로 한다.
- 과학적 관점: 사후는 없다.
- 의학적 관점: 임사체험(유체이탈의 비현실적 증언)

과학과 종교 사이 🌱

사후 세계는 존재하는가? 이에 대해 과학적 부정론과 종교적 긍정론, 그리고 반신반의론으로 나뉜다.

과학은 현대의 최대의 종교이긴 하지만 과학이 '의식의 본질'에 대하여 설명이 궁색한 것은 현대과학이 이 세계의 본질은 물질이라는 유물론적(唯物論的) 과학이기 때문이다. 마이크로적으로 보면 물질이라는 존재는 사라진다. 그리고 현대는 설명 불가한 현상이 너무 많다.

시선 감응, 이심전심, 예감, 예지, 공시성(共時性, synchronicity) 등 불가사의한 의식 현상을 현대과학은 설명할 수 없다. 이런 것들이 모두 단순한 우연 아니면 환상이라 할 수 있을까? '설명할 수 없는 것은 존재하지 않는다.'는 것이 바로 과학의 입장이다.

그러나 과학이 세상의 진실을 탐구하는 학문이라면, 이렇게 간단하게 외면해서는 안 된다. 그 옛날 종교가 과학을 압도할 때 갈릴레오는 '그래도 지구는 돈다.'라고 했는데 오늘날은 과학이 종교를 압도하는 시대에 '그래도 불가사의한 현상은 계속된다.'라고 과학에 얘기해야 할 것이다.

유물론적 세계관은 단호하게 '사후세계란 없다'고 말한다.

그런데 왜 많은 사람이 신(神)을 믿는가?

의식의 불가사의한 현상은 누구에게나 일상적으로 일어난다. 그런 것들을 우연이나 착각 또는 환상으로 간단하게 설명해 버릴 수 있는가? 여기서 재미있는 가설(假說) 하나를 소개한다.

Zero Point Field 가설 🪶

Zero Point Field 가설이란?

이 우주에 보편적으로 존재하는 양자진공 속에 '제로 포인트 필드 (Zero Point Field)'라는 장소가 있는데 거기에 이 우주에서 일어나는 모든 정보가 파동정보(波動情報)로서 홀로그램(Hologram) 형식으로 기록되어 있다.

양자진공이란?

138억 년 전 우주가 탄생하기 전의 아무것도 없는 진공상태를 양자진공이라 한다. 양자진공 속에는 이 장대한 우주를 만들어 낼 정도의 어마어마한 에너지가 잠재되어 있다. 양자진공은 지금도 우리 주위에, 그리고 이 우주의 모든 곳에 보편적으로 존재하는 것으로, 우리가 살아 있는 이 세계의 배후에 '양자진공'이라 불리는 무한의 에너지가 가득하다는 것이다.

아무것도 없는 진공 속에 막대한 에너지가 잠재돼 있다는 것은 현대 과학이 인정하는 사실이다. 하지만 진공을 無라고 한다면 일반인들이 이해하기엔 쉽지 않다. 과학자들은 '양자물리학적으로 보면 이 세상에 물질은 존재하지 않고 모든 것은 파동(波動), 즉 에너지(Energy)'라는 것이다. 모든 것은 전자·양자·중성자라는 소립자로 구성되어 있으며 그 소립자의 정체는 '에너지의 파동'이라는 것이다.

한 걸음 더 나아가 눈에 보이는 것뿐 아니라 보이지 않는 의식(意識)조차도 파동에너지라는 것이다.

Zero point field는 황당무계?

양자진공은 이 장대한 우주를 만들어 낸 장(場)으로 무한 에너지를 갖고 있는 場이기도 하므로 온 우주의 모든 일들이 기록된다 해도 이상한 일이 아니다. 그 옛날 빅뱅(Big Bang) 우주론이 처음 나왔을 때 모두가 황당무계한 가설이라 했지만, 세월이 지나면서 하나둘 입증되고 있다.

Zero point field 내(內)의 파동 정보는 영원히 남으며 미래의 일까지 기록한다. 과거로부터 현재까지의 모든 일의 파동 정보를 안다면 미래의 파동 정보까지도 예측할 수 있다.

그렇다면 미래의 운명은 이미 정해진 것인가? 아니다. 정해져 있지 않다. Zero point field는 미래에 일어날 수 있는 일들 그리고 일어날 가능성이 가장 높은 미래를 안다는 뜻이다.

Zero point field 가설에 의하면 사후세계는?

21세기 최첨단 과학이 밝히는 사후세계

사후(死後), 즉 육체가 없어진 후에도 Zero point field에 기록된 우리들의 의식의 정보는 Zero point field에 기록된 타인의 의식의 정보, 즉 감정이나 상념 등과 상호작용을 계속하고 나아가서 Zero point field 내에 기록된 모든 정보를 배우면서 변해 간다. 즉, 계속 살아간다는 가설이다.

Zero point field 내에는 현실 세계와 같은 심층 세계(深層 世界)가 존재한다. 현실 세계의 자기가 죽은 후에도 심층 세계의 자기가 계속 살아간다. 우리들의 의식은 현실 세계의 현실 자기가 죽어 없어진 후에도 Zero point field 내의 심층 자기로 이동한다. 이후 Zero point field 내의 모든 정보와 상호작용하며 변해 간다.

Zero point field 내에서의 자아(自我)는 사라져 간다. 현실 자기를 중심으로 했던 자아의식이 심층 자기에게도 한동안 중심적 역할을 한다. 자아가 사라져 감에 따라 모든 고통도 함께 사라져 간다.

Zero point field에는 지옥이 없다

많은 종교는 지옥과 같은 공포의 장을 설정해 놓지만, Zero point field의 관점에서 보면 그것은 명확한 근거는 없다. 종교가 순수한 구성 이유보다는 사회 윤리적 측면을 강조해야 하는 사명에 의해 그런 공포의 장을 설정하고 있을 뿐이다.

사자(死者)가 생전의 원한으로 생자(生者)에게 위해를 가할 일은 없다. Zero point field의 정화력은 우리의 상상을 초월하는 것이다. 육체의 고통이나 죽음이란 공포 등 모든 불안 요소는 육체가 사라지면서 함께 사라진다.

5부

식물 탐구

식물의 냄새와 색

다른 듯 유사한 식물의 색과 냄새 🍃

사람이 패션, 화장, 헤어스타일로 멋지게 자신을 표현하듯, 식물은 곤충이나 새들과의 소통을 위해 다양한 색과 냄새를 최대한 활용한다. 색과 냄새는 다른 듯하지만 유사하기도 하다.

플라보노이드(flavonoid), 카로티노이드(carotenoid), 클로로필 (chlorophyll)은 식물의 주 색소이기도 하지만 냄새의 주성분인 테르페노이드(terpenoid)처럼 대사경로(代謝經路)에서 만들어지는 화합물이다.

식물의 냄새 🍃

식물에게 있어 냄새란?

냄새는 식물이 체내에서 외부로 뿜어내는 휘발성 물질이며, 야생동물에 비해 약한 인간의 후각으로는 맡을 수 없는 민감한 냄새로 다른 생물과 소통하는 도구이다.

만약 식물에 냄새가 없다면?

타감작용(allelopathy) 현상으로 경쟁력을 확보하는 식물은 멸종될 것이다. 수분 매개체와의 소통에 지대한 영향이 있을 것이며, 특히 야간에 피는 꽃들은 생존이 어려울 것이다.

식물의 냄새로 짜인 생물 간의 네트워크 🍃

겉씨식물의 꽃냄새는 꽃을 먹는 해충을 쫓기 위함이지만, 속씨식물의 냄새는 꽃가루 매개자(pollinator)와의 소통에 아주 중요하다. 곤충의 복안은 여러 기능이 있지만, 시력 그 자체는 약하여 멀리 있는 꽃을 찾기는 어려우므로 냄새가 특별히 중요한 것이다. 특히 밤이 되면 더더욱 냄새가 중요해진다.

- 치자나무: 밤에 강한 냄새를 뿜어 박각시나방을 부른다.
- 어리호박벌: 꽃가루 매개자이기는 하지만 때로는 꽃을 모두 먹어 치우는 무법자이다.
- 기생자들: 수분은 도와주지 않고 꿀만 빨아 간다.
- 라플레시아: 부패한 냄새를 내어 파리가 산란 장소로 착각하게 만들어 불러 모아 수분을 하게 한다. 아무런 대가를 주지 않고 성공하는 좋은 예이다.

과일의 단 향기와 신 향기

과일이 익을 때까지 기다렸다가 먹으라는 신호이지만, 단 향기는 과일의 천적들까지 불러들이기 때문에 의도했던 대로 안 되는 경우도 많다.

식물의 적 해충과의 싸움

소나무는 침엽으로 대형동물의 접근을 막지만, 작은 벌레까지는 막을 수 없어서 잎과 줄기 사이에 송진을 내어 곤충이나 병원균의 침입을 막고 산란도 막는다. 해충이 싫어하는 냄새는 나무도 내지만 풀도 낸다. 야행성인 담배나방의 유충은 밤에 담뱃잎을 먹는데, 식해(食害)를 당하면 냄새를 내어 쫓아낸다.

충해의 천적과의 제휴

해충의 공격을 받으면 공기 중에 특수물질을 뿜어 해충의 천적을 불러 모은다. 천적의 대표 격인 기생벌은 해충의 배 속에 알을 낳고 그 유충은 배 속에서 배를 갉아 먹어 숙주를 죽인다. 이런 과정에 시간이 걸리므로 즉각적인 효과를 기대하지는 못하고, 다음 세대에서나 기대가 가능하다는 단점도 있다.

천적을 부르는 방법은 대기 중뿐만 아니라 흙 속에서도 일어난다. 근식충(根食蟲)에 먹히는 옥수수는 뿌리에서 특수물질을 내어 근식충을 먹어 치우는 선충(線蟲)을 불러들인다.

특정 냄새를 만드는 유전자를 식물에 주입해서 천적을 인위적으로 불러 충해로부터 보호하려는 이른바 '천적 농법'을 위한 바이오테크놀로지는 비교적 간단한 기술이지만 천적의 반응이 매우 복잡하여 많은 연구가 필요하다.

식물의 대화

냄새로 주위의 식물과 소통한다. 충해를 당하는 식물이 내는 냄새는 충해의 천적뿐 아니라 주위의 식물에도 알려 방어력을 높이는 소통 역할을 한다. 하지만 풍향이나 냄새의 강도에 따라 효과가 다르지만 대체로 수십 센티미터 정도에 효과가 있다.

식물들은 어느 정도 냄새를 인식할까?

동물처럼 후각 수용체 같은 분자를 현재로서는 갖고 있지 않은 것으로 판명되고 있지만, 대신에 식물은 냄새를 세포 안에 흡수하며, 세포 안에서 냄새 분자는 방어력을 키운다. 예를 들면 냄새에 접촉된 옥수수는 해충에의 방어력이 최소 5일간 유지되는 것으로 판명되었다. 식물은 냄새나 해충에 의한 외부의 자극을 장기간 기억해서 언제든 방어 태세를 갖추는 방향으로 진화해 왔다.

프라이밍(priming) 현상

식물이 어떤 스트레스를 받은 뒤 훗날 같은 스트레스에 접하면 더욱 강하게 저항하는 현상을 말한다.

냄새가 제조되는 메커니즘 🌿

식물의 냄새는 테르펜(terpene)류, 녹색향, 페놀(phenol)류로 분류되며 이들은 휘발성을 갖고 있으며 종류도 수백 가지이다. 1년간 지구상의 식물이 방출하는 냄새의 양은 수억 톤. 이들이 대기 중에 섞이면 에어로졸(aerosol)을 형성하여 구름을 만든다. 테르펜류는 광합성의 부산물로 낮에 왕성하게 생산한다. 녹색향이나 페놀류는 야간 방출량이 주간을 상회하는데, 이것은 주행성과 야행성 곤충의 행동과 관련이 깊다.

잎 향기

잎을 비비면 나는 향기는 잎 표면의 털에 비축된 것이 방출되는 것이다. 그 대표적인 성분은 아세테이트(acetate), 알코올(alcohol), 알데히드(aldehyde) 등 모두 테르펜류이다. 잎을 비비면 즉석에서 수 분 내에 만들어진다. 테르펜이나 페놀은 휘발성 물질이다.

가위로 잎을 자르면 테르펜이나 페놀 같은 휘발성 물질이 그다지 만들어지지 않는다. 그러니 충해로 잎이 찢어질 때 강하게 만들어지는 휘발성 물질을 생각하면 상황에 따라 만들어지는 양과 품질이 다르다는 것이다.

바람에 찢어지는 것과 벌레에 의한 식해로 인하여 찢어지는 것을 식물은 구별하여 휘발성 물질을 만든다. 충해의 경우에는 '먹다가 쉬다가'가 연속된다는 사실이다.

잎을 갉아 먹는 방법은 해충에 따라 다르다. 진딧물은 줄기의 수액

세포나 잎 속의 액체를 빨아 먹는 흡즙성으로 연충에 의한 상처와는 다르다. 도둑나방 유충으로부터 식해를 당한 옥수수나 감자로부터 생산된 냄새는 연충에 의해 연속적으로 상처를 받은 식물과 비교하여 60%, 43%만 비슷하였다.

여기서 한 가지 고려해야 할 부분은 잎을 갉아 먹을 때 해충들은 침을 분비하는데, 그것이 잎으로 들어간다는 점이다. 그 침에 따라 식물이 방어물질을 생산해 낸다. 이러한 연구는 아직 정리되지 않았고 계속 연구되어야 할 주제이다.

식물 향의 활용 🌿

현대의 아로마

'아로마케어', '아로마 치유'란 말이 등장한 지도 오래되었다. 제라니올(geraniol) 향(香) 성분을 암 조직에 투여하면 진행을 억제하는 효과가 보고되었다. 이러한 향 성분을 방 안에 놓아두는 것만으로도 효과가 있다는 연구도 보고되었다. 또 민트 같은 향 성분을 마시는 방법으로 장기의 염증을 잠재운다는 연구도 진행되고 있다.

향 분사 장치가 개발되어 숲의 향기나 해변의 향기를 원하는 대로 바꾸어 즐길 수 있는 시대가 되었다. 방 안에서 많은 시츄에이션을 연출하여 임장감(臨場感)을 즐기며 건강까지 돌보는 것이다. 이제는 향을 사용하여 분위기를 연출하는 것은 필수가 되었다.

농업에의 활용

식물의 향의 대표적인 생리작용은 다음과 같다.

- 해충이 싫어한다.
- 해충의 천적을 부른다.
- 이웃 식물들의 방어력을 도와준다.

이를 농업에 활용하고 있다. 농작물 가까이에 아로마 식물을 심어서 해충을 쫓아내거나 성장을 촉진하는 것이다. 예를 들면 토마토 옆에 마늘을 심으면 마늘 향 아르신(arsine)이 해충의 접근을 막아 준다. 이러한 관계를 공영작물(共榮作物)이라 하며 앞으로 유기재배(有機栽培)의 방법으로 기대를 모으고 있다.

식물의 색 🍃

식물에게 있어 색이란?

빛이 반사되거나 흡수되면서 우리의 눈에 색으로 인식되는 것이며, 색은 식물과 다른 생물과의 소통 수단이므로 식물은 인간이 볼 수 없는 곤충의 복안(複眼)으로만 보이는 선명한 색으로 소통한다.

색과 식욕

색은 우리 인간의 식욕과도 관계가 깊다. 빨강이나 오렌지같이 따뜻한 계통의 색은 식욕을 돋운다. 파랑이나 보라색같이 차가운 색은 그 반대이다. 하지만 시대는 변해간다. 블루베리와 동등의 안토시아닌을 가진 보라색의 토마토가 의약적 목적으로 개발되어 폭발적으로 팔리고 있다.

메밀에는 루틴(rutin)이라는 플라보노이드 색소가 많이 포함되어 있다. 루틴은 항균 작용, 내충성, 항암 작용 등과 같은 효과가 있다. 이러한 만능의 효과가 있는 루틴을 토마토에 다량 주입하는 시도가 이루어졌다. 이러한 토마토는 오렌지색이었다.

식물의 색을 만들어 내는 4대 색소

대체로 pH에 따라 색이 변하며, 그 외에 산소, 햇빛, 수분, 온도의 영향도 받는다.

플라보노이드(flavonoid)
빨강~청색.

여기에 속하는 안토시아닌은 500종 이상의 색으로 꽃, 열매, 줄기, 잎 등에 관여한다. 안토시아닌 색소를 품은 것으로 블루베리가 유명하지만, 그 외에도 사과, 포도, 딸기 등 수도 없이 많다. 4대 색소 중 청색(靑色)을 낼 수 있는 색소는 안토시아닌이 유일하다. 안토시아닌은 pH에 따라 변색한다. 산성에서는 빨강, 알칼리성에서는 청색이다.

베타레인(betalains)

빨강~노랑.

pH에 따라 변하는데 알칼리성에서 노랑이 된다. 패랭이꽃목(目)만이 갖고 있는데, 이 중에서 패랭이꽃과(科)와 갯질경이과는 베타레인 대신에 카로티노이드를 만든다. 자연 속에서는 베타레인과 안토시아닌은 같은 식물에서 공존하지 않는다.

카로티노이드(carotinoid)

빨강~노랑.

pH에 따라 변한다. 700종 이상의 색소가 알려져 있다. 당근이나 토마토, 국화에서 볼 수 있다. 박테리아에도 이 색소가 있으며 광합성에 필요한 빛을 모으는 역할도 한다. 조개나 가재, 어류에도 포함되어 있으며 가재는 색이 변하는 것으로 유명하다. 동물은 독자적으로 카로티노이드를 만들 수 없으므로 식물로부터 섭취한다.

엽록소(chlorophyll)

초록색.

pH에 따라 변하는데 알칼리성에서는 초록색으로, 산성에서는 갈색으로 변한다. 광합성에 필요한 빛을 모으는 안테나 같은 역할을 한다. 꽃의 기원은 잎이 변해서 된 것인데, 꽃잎에 엽록소가 남아 있으면 초록색이 된다. 크리스마스로즈는 초록색 꽃이 있어서 유명하다. 진화 과정에서 꽃과 꽃대의 구별을 위해 꽃에서는 초록색이 사라진 것이다.

색의 변화 🌱

식물은 냄새도 그렇지만 환경에 따라 색소량을 조정한다. 가을 단풍은 클로로필, 안토시아닌, 카로티노이드의 양비(量比)의 변화에 따라서 생기는 것이다. 단풍은 물론 인간의 눈을 즐겁게 하려고 진화한 것은 아니고 식물 대사의 면에서 생존 전략의 하나이다. 잎을 떨구는 것은 효율 낮은 광합성보다 에너지를 절약하는 쪽을 택하는 현상이다. 추운 곳은 낙엽수가 많고 따뜻한 곳이 상록수가 많은 것도 그런 이유이다.

식물의 세포 안에서 색소를 비축하는 장소는 종에 따라 다르다. 꽃의 색은 꽃잎에 비축된 색소의 종류와 양에 의해서 결정된다. 어렸을 때 꽃잎으로 색을 낸 추억이 있을 것이다. 안토시아닌이나 베타레인같이 수용성은 색이 잘 나오지만, 카로티노이드는 지용성이므로 물이 잘 들지 않는다.

유전자조작에 의한 꽃색 변경

유전자조작 실험의 모델 식물은 담배이다. 그런데 세계 최초로 유전자조작으로 꽃의 색을 바꾼 식물은 페추니아이다. 하얀색 페추니아에 옥수수 유전자를 넣어 벽돌색으로 바꾸는 데 성공하였다. 담배와 같이 가지과 식물로 형질 전환이 쉽고 또 많은 품종이 있어서 전부터 금어초와 나란히 이 분야의 모델 식물로 자리 잡았다. 이후로 국화나 용담 등 많은 식물의 꽃을 흰색으로 바꾸게 되었다.

한편 장미나 국화에 청색이 없는 것은 푸른색의 안토시아닌을 만드는 유전자가 없기 때문이다. 하지만 국화나 장미의 유전자조작 기술로 푸른 안토시아닌 색소를 만들게 할 수 있게 되었다.

형광 꽃의 등장

2000년대 초에 초록색 형광 단백질 개발에 성공하였는데, 그것은 어두운 데서 겨우 보일 정도로 미약하였다. 그러나 최근 들어 강력한 형광단백질이 개발되어 낮에도 잘 보이는 토레니아와 페추니아가 출현하였다.

식물의 생명

꽃의 생명 🌿

카네이션의 한 품종인 미러클 루즈(miracle rouge)는 보통 꽃보다 수명이 3배 길다. 언젠가 어머니의 날에 팔려고 카네이션을 화물차에 실었는데, 목적지에서 꺼내 보니 개화도 하기 전에 다 시들어 버렸다. 이유는 차 안이 추워서도 아니고 더워서도 아닌 옆에 같이 실은 사과가 원인이었다. 사과에서 나오는 에틸렌 성분이 원인이었다.

카네이션이 시드는 원인은 자신이 내는 에틸렌 때문이라는 사실도 밝혀져서 에틸렌을 내지 않는 것을 개발하였는데, 덕분에 7일이면 시들던 것을 21일까지 연장할 수 있기에 이르렀다. 이처럼 에틸렌의 영향을 받는 것으로는 나팔꽃이나 난 등이 있다.

나팔꽃은 아침 일찍 피었다가 점심때 시드는데, 영국 연구진이 에피머럴(ephemeral)이란 유전자 물질이 시드는 것을 조절한다는 사실을 알아내고 그 유전자의 활동을 제한함으로써 다음 날 아침까지 활기 있게 피어 있게 하였다. 이 기술은 백합이나 장미에도 적용이 시도되고 있다.

잎의 수명 🍃

잎의 수명과 가장 오래된 잎

낙엽수나 풀의 잎은 1~2년 이내에 시들어 버리지만, 상록수의 경우에는 짧게는 수개월, 길게는 수십 년이다. 가장 오래된 잎은 무드셀라(수령 4,851살)의 잎으로 33년에서 44년이다.

뿌리와 앞의 관계

뿌리는 왜 밑으로 뻗어 나가나?

- 빛을 피하려고 빛이 있는 반대 방향으로
- 중력 때문에
- 물을 찾아서 물이 있는 방향으로 뻗어 나간다.

펌프도 없는 뿌리가 물을 흡수하는 원리는 삼투압 현상이다. 뿌리의 물이 잎을 올라가는 것은 응집력과 증산작용에 의한 것이다. 잎이 공기 중의 0.04%밖에 없는 이산화탄소를 흡수하는 것은, 뿌리가 물을 흡수하는 것과 같이 농도가 진한 쪽에서 옅은 쪽으로 흐르는 삼투압 현상에 의한 것이다.

기공의 수는 $1mm^2$당 수십~1,000개 이상으로, 기공의 크기는 큰 것은 $0.1mm$이다.

빛을 엄밀히 구분하기 어렵지만, 계통별로 크게 나누면 청색광, 녹색광, 적색광으로 분류할 수 있는데 이 셋을 합하면 백색이 된다. 그렇다면 잎은 왜 녹색으로 보이는 걸까? 광합성을 위하여 적색광과 청색광은 흡수하고 녹색광은 통과시키거나 반사하기 때문이다.

자급자족하는 식물은 번영할 것인가?

인간에게 대한 자급자족은 구시대의 유물이다. 그런데 식물은 처음부터 수억 년간 일관되게 자급자족하여 번영을 우리고 있다. 4억 7,000만 년 전에 상륙한 이래 지구상 어디서나 번영을 구가하고 있다. 그런데 분업화로 간 인간들은 지금 어떤 모습인가?

아리스토텔레스는 '무기물 – 식물 – 동물 – 인간'의 4단계로 설명하면서 식물을 생명체 중 맨 아래에 두었다. 불교에서는 고기는 안 되고 식물은 된다는 식의 식물 천대 사상을 강조하는 등 식물에 대한 대접이 소홀하지만, 식물은 엄청나게 무시무시한 역경을 극복하고 생존 경쟁을 이겨 낸 고귀한 생명체라는 사실을 알아야 한다.

식물의 생명 지키기 🌱

움직이지 않으면서 자기방어

밤의 길이, 온도의 변화를 통해 계절을 알고 그 방어책이 준비되어 있다. 특히 씨앗에는 생명을 잃을 정도의 환경을 극복할 수 있는 장치가 있다.

먹혀야 하는 숙명적인 운명에 대하여 복원능력을 구비

설사 그 중요한 꽃이나 싹을 잃는다 해도 끝눈 우세 능력으로 커버하여 지상부를 몽땅 잃는다 해도 복원 가능하다.

자손 남기기

대부분 동물이 암수가 만나야 하는데, 식물은 '양성화'처럼 효율적인 시스템을 개발하였다. 그런데도 다양하고 확실하게 자손을 남기려는 시스템도 개발하였다. '자웅이숙', '단위생식', '무성생식' 등 헤아릴 수 없이 많은 특별 대책을 준비해 놓고 있다.

식물의 특성 🌱

식물의 수명이 긴 이유

분화 전능성(分化 全能性: 한 개의 세포가 한 개의 완전한 개체를 이룬다)이 있어 단 한 개의 세포로도 복구할 수 있다는 특수 시스템을 갖추고 있다. 베어져도 그루터기에서 싹이 나는 현상을 보라. 살아남기 위해 만반의 대책이 있음을 보여 준다.

고착성과 가소성(可塑性)

환경이 나쁘다고 도망갈 수 없으니 내가 변해야 하는 지혜로 가득한 생명체이다.

종(種)의 구분 🌿

- 동물: 각각의 기관이 역할 분담하여 하나의 몸을 이룬 것
- 식물: 개인사업자가 모여 있는 쇼핑몰

종(種)은 '다른 개체군과 교배하지 않는 생식적 격리기구가 있는 것'이라 규정하지만, 식물은 종간에 교잡하고 영양번식도 하므로 種을 규정하는 것조차 간단하지 않다.

예를 들어 euglena(연두벌레) & 하테나를 보면, 동물사전에도 식물사전에도 동물과 식물의 중간이라고 설명한다. 광합성을 하면서 편모를 갖고 수영하며 돌아다니는 단세포생물이다.

식물의 상륙 🌱

이끼류의 등장

5억 년 전에 거대한 대륙이 나타나기 시작하면서 상륙 도전이 시작되어 4억 7,000만 년 전에 드디어 이끼류가 상륙에 성공한다. 상륙 후 최초의 양치식물과 비슷한 것으로는 뿌리도 잎도 없는 솔잎란이다. 지상부의 줄기가 잎으로, 지하줄기가 뿌리로 발달한 것이다.

흙의 탄생

당초 지구에는 흙이 없었다. 생물이 죽어 분해된 것이다. 수많은 이끼류 등이 만들어 낸 것.

속씨식물과 겉씨식물

- 속씨식물: 1억 4,000만 년 전~6,500만 년 전 등장, 25만 종
- 겉씨식물: 3억 년 전 등장, 800종

식물의 2세대 구분

- 포자체: 복상
- 배우체: 단상

그리고 이 두 세대를 살아가는 것이 있다. 바로 양치식물이다. 포자를 만드는 포자체에는 암수가 없으므로 무성세대(無性世代)라고 부른다. 배우체는 암수가 구별되므로 유성세대(有性世代)라고 한다.

이끼식물이 양치식물로 진화한 것은 아니다. 침팬지로부터 인간이 진화한 것이 아니고 공동조상으로 진화가 갈라진 것처럼 이 둘은 공통 조상이다. 포자로 번식하는 것은 같지만, 이끼는 암수 따로 있다는 것이 다른 점이다.

종자식물과 포자식물

종자식물의 이동 찬스가 있다. 바로 꽃가루다. 포자를 진화시킨 것이다.

포자는 물이 없으면 죽어버리는 데 반해 종자는 건조 지역에서도 살아남고 외부의 환경 변화에도 적응할 수 있다. 종자식물이 포자식물과 다른 점은 포자식물은 수정란이 움직일 수 없다는 데 반해 종자식물은 수정란을 이동시킬 수 있다는 점이다. 이동이 가능한 타임캡슐이다.

식물과 곤충의 만남 🌿

최악의 식물과 곤충의 첫 만남

식물과 곤충의 첫 만남은 최악. 화분을 먹으러 온 해충에 불과했으나 나중에 화분을 운반하는 역할로 발전하였다. 풍매화처럼 화분을 대량 생산할 필요 없는 고효율이므로 고마운 마음으로 곤충을 불러 모으려는 노력을 계속하였다. 아름다운 꽃으로, 곤충에게 편리한 구조로 발전시키고, 꿀을 만들고.

처음 찾아온 첫사랑은 풍뎅이였다. 목련은 지금까지도 풍뎅이에 화분을 운반시키고 있다. 목련꽃은 풍뎅이가 거칠게 다녀도 괜찮은 튼튼하고 단순한 옛날의 구조를 지금까지 그대로 간직하고 있다. 식물은 먼저 화분을 주는 것으로 관계를 시작하였는데 파트너십을 맺기 위해 먼저 주는 것, 그것도 너무나도 소중한 것을 먼저 주는 것으로 출발하였다. 나중에는 꿀까지 준비하여 벌과 나비를 유혹하였다.

가장 효율 높은 벌에게만 꿀을 줄 방법은 없을까?

식물이 고안해 낸 방법은 미로게임같이 꽃의 구조를 복잡하게 하여 가장 깊은 곳에 꿀을 감추는 전략이었고, 이 난제를 잘 해결하는 곤충과 파트너십을 맺었다. 과연 식물은 이 전략을 성공적으로 수행할 수 있는가?

제비꽃을 보자. 아래쪽 꽃잎 모양이 '여기에 꿀이 있으니 이리로 오라'는 사인으로, 여기 앉으면 꽃 속으로 통하는 길이 있어서 꿀에 도달할 수 있지만 만일 위쪽 꽃잎에 앉으면 아무리 찾아도 안 보인다. 단순한 구조이지만 조금 고급 전략이다.

제비꽃은 (민들레꽃으로 오는 등에는 벌보다 비행 거리가 짧아 멀리 운반할 수 없으므로) 벌을 선택하였다. 1단계 테스트에 합격하면 2차 테스트는 가늘고 긴 터널 속에 있는 꿀이 있는 곳까지 도달하는 것. 그리고 뒷걸음으로 조심스럽게 되돌아 나와야 한다. 이 어려운 시험을 통과할 수 있는 곤충은 무엇일까? 어쨌든 결론적으로 벌이 합격하였고 파트너가 되었다. 이런 시험을 풀어 가는 과정에서 벌과 꽃은 공진화가 진행되었다. 벌의 최대 장점은 같은 꽃을 식별한다는 것, 차질 없이 같은 꽃으로 날아간다는 사실이다.

어떻게 식물은 여기까지 조종할 수 있었을까? 벌은 영리하다. 어려운 과제를 풀고 보니 달콤한 꿀이 보상으로 주어지지 않는가? 당연하게 같은 꽃을 찾을 것 아닌가? 익숙한 꽃이기도 하니까. 만일 다른 꽃에 가면 그 어려운 문제를 다시 풀어야 하는 어려움에 봉착하게 될 테니 말이다.

자연계에서 남을 위해 수고한다는 개념은 없다. 자신에게 유리하게 하다 보니 모두가 행복해지는 결과를 낳은 것이다.

식물의 묘안

식물이 꿀을 준비했다 해서 문제가 해결되는 것은 아니다. 꿀을 많이 준비하면 시간을 오래 끌 것이므로 곤란하다. 빨리 사라져 주면 좋으련만. 어떤 묘안이 없을까?

식물의 안(案)은 꽃마다 꿀의 양을 달리하는 것이었다. 묘안 아닌가? 벌은 꿀이 적으면 '아, 변두리인가 보다.' 많으면 '다른 데는 더 많을지도.'라고 생각하며 다른 꽃을 찾게 된다. 이 작전은 기나긴 세월 동안 성공 가도를 달려왔다.

빛을 찾는 식물들의 생존경쟁은?

- 다른 식물을 감아 죽이는 것
- 높이 높이 자라는 것
- 뿌리에서 화학물질을 분비하여 이웃 식물이 자라지 못하게 하는 것

- 타감 작용

생물학의 최대 과제 ✎

최대 미스터리

다수결의 결정을 내리는 현명한 벌레들이 있는가 하면, 리더 하나의 뇌에 의지하여 전체가 움직이는 집단도 있다. 포유류의 뇌가 다른 동물보다 발달하였는데 포유류의 리더는 어떻게 그런 중대한 결정을 실수 없이 내릴 수 있는지는 생물학의 최대의 미스터리이다.

왜 상상의 학문이라고 하는가?

'인간은 앎과 모름의 중간에 산다.'라고 누군가가 말했다. 보이는 것이 전부가 아니며 반드시 진리도 아니다.

있는 그대로 실체를 볼 수 없으면서 마치 전부 다를 보고 알고 있다는 듯 상상의 나래를 각자 마음껏 편다. 그 누구도 정답을 모르므로, 그럴듯하면 마치 진실로 인정받는 분야가 생물학 아닌가?

불과 수백만 년의 짧은 역사를 지닌 호모사피엔스가 많은 생물들의 수억 년의 기나긴 진화 과정을 마치 꿰뚫어 보는 듯 자신 있게 상상하는 교만이 아무렇지도 않게 횡행하고 있다. 화석 하나에 목숨을 거는 상상의 해석을 우리는 어떻게 받아들여야 하는가?

식물에의 죽음이란?

놀라운 광합성 🌿

발달한 인간 기술로도 광합성을 완전히 재현하는 것은 불가능하다. 작은 잎의 기술에도 못 미치는 것이다. 신성불가침 영역인 듯하다. 고대지구에는 산소가 없었는데, 27억 년 전 산소라는 맹독이 출현하였다. 엽록체의 선조인 단세포생물의 출현으로 광합성을 시작하였다. 그 광합성의 폐기물로 산소가 발생한 것이다. 물론 환경오염을 초래하였고 생물에게는 맹독으로 작용하여 많은 단세포생물이 사라졌으며, 극히 일부는 산소가 없는 심해나 땅속으로 도망쳐서 조용히 살 수밖에 없었다.

원래 생명의 진화는 무시무시한 것이다. 산소라는 맹독으로 소멸한 것이 있는가 하면, 오히려 역으로 흡사 위험한 방사능을 먹는 괴물같이 그 맹독을 흡수하여 생명 활동을 하는 생물이 출현하였다. 산소는 위험하지만, 폭발적인 에너지원이 되기도 하는 것이다. 이런 산소를 활용하는 데 성공한 단세포생물이 있었다.

몬스터에 지배된 지구 🌱

작은 단세포생물 세계에서도 약육강식이 확대되고 있었다. 큰 것이 작은 것을 먹는 시대이므로 점점 몸집을 불리는 경쟁이 일어났다. 현재에도 아메바 같은 단세포생물은 단세포생물을 먹고 소화한다. 그러던 어느 때 산소 호흡을 하는 단세포생물이 큰 단세포생물에 먹혔지만, 소화가 되지 않고 그 속에서 먹힌 채로 살아간다. 이것이 산소 호흡으로 에너지를 만드는 '미토콘드리아'라는 세포 내 기관의 기원이다. 이 미토콘드리아라는 것을 체내에 장착한 단세포생물이 동물이나 식물로 진화했다. 동식물 모두 산소 호흡으로 살아가는 출발이다.

세포 내 공생 🌱

먹은 세포와 공생하여 산소를 호흡하여 강력한 에너지를 생산해 내몬스터로 진화했고, 이어서 다세포생물로 진화하였다. 식물의 선조가 되는 단세포생물은 광합성을 하는 단세포 엽록체를 흡수한다. 그래서 스스로 영양을 생산하고 쓸데없이 움직이지 않는 생물로 진화하였다.

동물과 식물의 규정 🌱

동물은 움직이고 식물은 움직이지 않는 생물이다?

미모사는 잎에 대면 움직이고, 나팔꽃은 빙빙 돌며 움직이고 광합성에 유리하게 잎들은 끊임없이 움직이며 각도를 조정한다. 그러니 완전하게 움직이지 않는다고 말할 수는 없다.

한편 동물은 움직이는 것이라고는 하지만 산호나 말미잘을 보라. 말미잘은 촉수는 열심히 움직이나 바위에 딱 붙어 식물처럼 움직이지 않는다. 산호는 오랫동안 해초의 일종이라 여겨졌다. 산호는 딱딱한 석회질 골격을 만들어 그 속에 본체가 있다. 촉수를 움직여 먹이를 잡고 있다.

도롱이벌레는 모기의 유충, 시든 가지나 잎에 집을 짓고 그 속에 산다. 그 속에서 번데기가 되고 그 속에서 날개 달린 성충이 되니, 그 속을 떠나지 않는다. 그 속에서 수컷과 교미한 후 거기에 알을 낳는다. 일생을 그 속에서 보내는 셈이다. 결국 동물이라 해서 움직이지 않으면 안 되는 것이 아니다. 움직이지 않는 게 좋으면 움직이지 않는다.

우리 옆에 있는 식물은 어떤 몬스터보다 기묘하다. 얼굴도, 입도 없다. 태양광 하나로 살아간다. 식물은 상상 이상의 기묘한 생물이다. 움직이지 않기도 하고 움직이기도 한다.

"식물은 거꾸로 선 인간" - 아리스토텔레스
"인간은 거꾸로 선 식물" - 플라톤

5계 분류 체계

- 동물
- 식물
- 다세포균류(버섯)
- 단세포 진핵생물(대장균)
- 원핵생물(박테리아)

식물과 동물의 결정적인 차이

엽록체와 세포벽. 이는 식물세포의 전략이라고 할 수 있다.

선조는 엽록체를 가진 단세포생물이며, 돌아다니려면 세포가 작고 가벼운 게 유리하나 가만히 있으면 세포가 클수록 많은 엽록체를 갖고 많은 빛을 받아 많은 영양을 만들 수 있다.

세포가 크면 안정성이 약하므로 주위를 강한 벽으로 받치는 것이 유리하다. 한 개의 세포로는 한계가 있으니 많은 세포가 모여 몸집을 크게 하려는 것이 다세포생물이다.

식물은 세포를 쌓아서 몸집을 크게 해서 빛을 많이 받으려 한다. 높게 쌓으려면 세포벽이 매우 강해야 한다.

여전히 수수께끼, 엽록체를 가지면 식물인가?

갯민숭달팽이는 동물임에도 엽록체를 가지고 광합성을 한다. 갯민숭달팽이는 먹이인 조류로부터 엽록체를 얻는다. 우리는 채소 속에 있는

엽록체를 먹어도 소화해 버리고 말지만, 갯민숭달팽이는 먹은 엽록체를 세포 속에 넣어 광합성을 시켜 영양을 얻는다.

식물들의 숙적

식물에 병을 일으키는 미생물 🌿

미생물이란 무엇인가?

인간과 식물 모두 미생물에 의해 병이 일어나는데 모두 같은 미생물이 병원체가 되는 것일까? 대답은 'yes'도 'no'도 아니다.

미생물이란 어떤 특정 생물을 가리키는 말이 아니라, 인간의 눈에 보이지 않을 정도로 작은 생물을 지칭하는 말이다. 마치 동물과 같은 용어이다. 그 다양성은 동식물에 비할 바가 아니다.

생물 = 진핵생물(핵 소유)
　　　원핵생물(핵 없음)
　　　세균(식물의 병원균도 포함)

진핵생물은 단세포 미생물 시절에 이미 다양하게 분화되었고 일부는 다세포화되어 거대한 동식물이 되었다. 진핵생물 전체로 본다면 거의가 미생물이다.

미생물 중 식물의 주 병원체가 되는 것은 다음 세 가지이다.

- 진균: 진핵생물로 사상균이나 곰팡이를 지칭한다. 대부분 다세포 생물, 균사나 포자로 분화한 세포를 갖고 있다. 크기는 수~$10\mu m$.
- 세균 : 대부분 원핵생물. 대부분 단세포생물이 분열로 증식. 크기는 0.5~수μm.
- 바이러스 : 세포 구조를 갖지 않음. 크기는 수십~수백nm.

같은 세균이라 해도 동물에 병을 일으키는 것과 식물에 병을 일으키는 것은 다르다. 동일 균이 동물과 식물에 공히 병을 일으키는 예는 아직 없다. 식물에 병을 일으키는 특징적인 것은 사상균에 의하여 일어나는 것이 대부분이며, 인간에게는 세균과 바이러스가 대부분이다.

식물의 병원균

절대기생균

기생자로서의 식물 병원균 중에는 살아 있는 숙주 세포 안에서만 증식이 가능한 것이 있다.

조건적부생균(條件的腐生菌)

자연계의 미생물 중 시들어 떨어진 잎이나 동물의 사체를 이용해서 살아가는 것은 부생균이라 한다. 조건적 부생균이라 함은 보통은 숙주 식물에 기생해 살아가지만, 조건에 따라서는 부생적 생활도 가능한 것을 말한다.

살생균(殺生菌)

숙주 세포를 죽여 영양분을 빼앗는 균을 가리킨다.

식물 병의 예

녹병

녹병은 4,000종 이상의 곰팡이 때문에 생긴다. 녹병균은 한 식물에만 기생하는 곰팡이와 2종류의 식물을 번갈아 가며 기생하는 곰팡이가 있다. 밀줄기녹병균의 경우는 밀을 숙주로 하면서 다른 곡류나 풀을 또 하나의 숙주로 하여 기생한다.

노균병

습도가 높으면 잎 전후에 흰색이나 연푸른색의 곰팡이가 생기며 그 반대편은 담녹색으로 변한다.

식물 병원균은 어떻게 병을 일으키는가? 🌱

숙주특이성독소

식물의 표면에는 많은 미생물이 쏟아지고 뿌리에도 토양에 사는 다양한 미생물이 달라붙는다. 식물은 이 어마어마한 미생물의 공격을 막아 낼 저항성(抵抗性)이 있다. 식물의 저항성과 미생물의 병원성(病原性)의 한판 대결인 셈이다. 병원균은 숙주식물에게만 효과가 있어 저항성을 타파한다.

병원균은 견고한 세포벽을 어떻게 돌파하는가?

식물의 세포는 동물과 달리 견고한 세포벽이란 방어벽을 갖고 있다. 그것은 큐티큘러(cuticula)라는 외벽이다. 사상균의 일부인 부착기(付着器)라고 하는 세포는 이 견고한 장벽을 뚫는다.

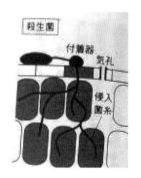

식물의 방어 전략 🌱

식물 표층에 병원균이 부착하기 어렵다

큐티큘라(각피)는 세포를 보호하고 수분 증발도 막고 구조물을 지탱하기도 한다.

화학병기에 의한 방어

병원미생물을 죽이거나 활동을 억제하는 물질. 예를 들면 양파의 갈색 피부는 강력한 항균 물질이다.

적의 적은 아군인가?

괴롭히는 곤충의 천적을 불러오는 물질을 생산한다.

과민감반응(過敏感反應, hypersensitive response)

초토화 전술로 병원균이 침입하면 스스로 포위하고, 포위한 자신의 세포를 포함하여 병원균도 사살하는 전략을 쓴다. 이때 자기 세포의 자발적인 죽음이 동반된다. 이 전략은 자신의 희생도 크므로 이렇게까지 할 필요가 있겠느냐고도 생각할 수 있지만, 때로는 강력한 숙주특이성독소를 생산하여 식물 전체의 사활이 문제될 수도 있기에 나무로서는 궁여지책이다.

숙주특이성독소를 무력화시킨다

옥수수북방반점병균이라 알려진 병원 사상균은 HC독소라고 불리는 숙주특이성독소를 생산한다. 이 독소는 옥수수에 큰 피해를 주는데, 나중에 옥수수가 이 독소를 무력화시키는 사례가 보고되었다.

식물과 병원균의 분자레벨의 전쟁

식물과 병원미생물의 공방은 오랫동안 치열하게 전개되어 오면서 자연선택이라는 진화를 거듭하였다.

식물과 미생물 사이의 기생과 공생을 추구하는 공진화(共進化)

미생물은 죽은 식물로부터 영양을 취하면 살아가는 데 아무 지장이 없다. 이처럼 풍부한 영양으로 가득한 땅속에서 살아가는 미생물은 수백만 종이 있다. 이렇듯 많은 미생물이 같은 장소에서 살면 먹이 쟁탈전이 일어나기에 다음과 같은 조건을 지닌 것만 살아남았다.

- 생육 스피드가 빠른 것
- 영양 흡수 효율이 좋은 것
- 증식이 빠른 것

이런 경쟁에서 살아남은 것은 표면적이 큰 가늘고 긴 세포를 갖고 많은 포자를 확산시키는 사상균이었다. 페니실린 같은 항생물질을 만드는 균은 다른 미생물의 영양 섭취를 방해하며 자신의 영양을 확보하였다. 이와 같은 치열한 경쟁 속에서 이런 치열한 장소 외에 또 다른 곳이 없을까 궁리한 끝에 식물의 뿌리와 잎에서 영양을 섭취하는 니치(niche)를 확보한 식물 병원균이 나타났다.

식물에 감염하는 병원균의 진화 🍃

제1단계

생물 사체나 노폐물로부터 영양을 섭취하는 미생물인 부생균(腐生菌)으로부터 살아 있는 식물에 감염하는 능력을 획득한 '원시적 병원균'

으로의 진화 단계이다. 편안한 환경에서 엄중한 환경에로의 도전이다. 이런 균 중에서 식물의 세포벽 성분을 분해하는 능력을 갖추는 등 건강한 식물에 침입하게 된 것이다.

제2단계

살아 있는 식물의 특징은 각각의 종마다 각각의 특별한 저항력을 강화해 간다는 점이다. 미생물들은 그 많은 저항력을 모두 분쇄할 수는 없기에 특정의 식물을 타깃으로 삼은 것이다.

제3단계

식물에 감염하는 미생물은 부생균과 병원균의 사이인 것이 대부분이다. 부생균으로서의 생활이 어려울수록 병원균으로의 능력을 고취해 나간 것이다. 부생 생활을 접고 식물에 감염하는 데만 전력을 쏟는 '절대기생균'과 식물과 우호적인 관계를 도모하는 '공생균' 등으로 발전한다.

절대기생균의 특별한 진화

식물 병원균 중에서 식물에 감염하지 않고서는 살아갈 수 없는 균을 가리킨다. 흰가루병균의 경우, 그의 흡기(吸器)는 고도로 발달하여 식물세포와 닿는 부분을 크게 파서 가는 관 구조물을 여러 개 만들어 흡기를 집어넣어 자기가 취하는 영양을 타에 뺏기지 않는다. 그런데 이절대기생균이 침입하는 식물은 한정되어 있다. 보리에 침입하는 것은 민들레에는 침입하지 않는 것처럼.

식물과 상호관계를 구축한 미생물들

식물에 침입하여 식물을 바로 죽여 버리는 것은 미생물에게도 바람직하지 않다. 그래서 상호 우호적으로 공존하는 미생물이 다수 등장하였는데 그들을 총칭하여 엔도파이토(endophyto)라고 한다. 식물에 지장이 없을 정도의 영양분을 받고 대신 외적의 침입을 막는 데 일조하는 공생(共生) 관계를 구축한 것이다.

균근균(菌根菌)은 90% 이상의 식물 뿌리에 감염되어 인과 같은 영양분을 식물에 공급한다. 식물은 자기 뿌리가 뻗어 있는 범위의 영양만으로는 부족할 경우 균근균의 균사(菌絲) 네트워크를 확장해서, 보다 고효율적으로 영양분을 섭취한다. 균근균은 대신 식물의 뿌리가 분비하는 여러 물질을 섭취한다.

식물 호르몬

병원균을 연구하다가 발견된 식물 호르몬

자연 속에서의 병원균과 식물의 관계는 집단 대 집단의 경우가 많다. 어떤 병원균종과 식물종 사이에서 병원성과 저항성의 싸움은 일개체대 일개체가 아니라 집단과 집단의 관계인 경우가 많다.

인간의 호르몬과 같이 여러 역할을 감당하는 호르몬이 식물에도 있다. 생장 조절 호르몬인 옥신(auxin), 성장 촉진 호르몬인 지베렐린 (gibberellin), 세포 신호 전달 호르몬인 사이토카인(cytokine), 성장 촉진 호르몬인 에틸렌(ethylene) 등이 대표적이다.

지베렐린(gibberellin)의 농업 활용

식물 성장 조절제로 활용되는 대표적인 식물 호르몬이다. 성장 촉진 뿐 아니라 종자의 발아, 꽃의 개화, 열매의 성장 등에 광범위하게 활용되고 있다. 특히 씨 없는 과일은 포도나 수박 등에 활용되고 있다.

식물 연구

선인장의 생존 전략 🌱

식물의 뿌리는 어디까지 자라나?

민들레를 뽑아 본 경험은 우리 모두 갖고 있을 것이다. 대부분 길어야 10㎝ 정도의 뿌리에서 잘리고 만다. 뿌리가 뻗어 내리는 길이는 기후와도 다소 관계가 있지만 대체로 다음 두 가지의 환경에 따라 다르다.

- 토양이 부드러운가? 진흙인가?
- 수분이 많은가? 어디에 있는가?

한 실험을 보자. 가로세로 307㎝ × 깊이 50㎝의 나무상자에 호밀 하나를 심었다. 키가 1.2m 자랄 때까지의 뿌리의 총길이는 620㎞. 근모(根毛)까지 합하면 지구의 직경에 육박하는 11,200㎞.

물이 많은 지역에서는 뿌리가 잘 자라지 않는다. 수경재배 식물은 뿌리가 잘 자라지 않는다. 물이 부족하면 지상부는 잘 자라지 않지만, 지하의 뿌리는 큰 영향 없이 잘 자란다. 스스로 물을 찾아 나서야 하는 잡초의 뿌리는 그래서 강하다.

사막에 사는 10m 키의 아카시아는 뿌리가 50m까지 뻗어 나간다. 수맥을 찾아 나서는 장엄한 도전이다. 비가 안 오는 사막에서는 낮밤의 기온 차가 엄청 크기 때문에 작은 식물들은 밤에 서리가 내리거나 이슬이 맺히는 것을 수집한다. 선인장이 그 대표이다. 선인장의 뿌리는 물을 찾아 뿌리를 사방팔방으로 뻗는 것을 포기한다.

경쟁이 심한 곳을 피해 물이 부족한 가혹한 환경에서 살아남는 법을 터득하였다. 연약한 식물들의 공통된 전략이다. 하지만 전쟁이 없는 것은 아니다. 강력한 적은 물 부족이라는 치명적인 상황이다.

선인장의 진화

- 잎을 가시로 바꿈: 증산작용 방지, 동물 식해 방지, 줄기 온도를 내림
- 줄기가 통통: 물 저장용량 극대화, 증발 최소화, 용량을 크게 하며 표면적을 적게 하는 방법 → 구(球) 모양

C_4식물이 건조기후에 강한 이유

C_4식물에 대하여 일반적인 광합성을 하는 식물을 C_3식물이라고 한다. C_4식물은 C_3식물이 갖고 있는 광합성 시스템도 갖고, 더하여 C_4회로를 더 갖고 있다.

C_4회로는, 터보차저로 공기를 압축하여 대량의 공기를 일시에 엔진에 보내서 출력을 높이는 터보엔진의 원리와 같다. C_4회로는 흡입한 CO_2를 탄소가 네 개 붙은 사과산과의 화합물이다. 그것을 C_3회로에

보낸다. 결국 탄소를 압축하는 것으로 C_4식물은 고효율 광합성을 하는 것이다.

C_4식물은 특별한 식물에 국한된 것이 아니라 단자엽이나 쌍자엽식물이 두루두루 갖추고 있는 회로이다. 결국 광합성의 시스템은 여러 방향으로 진화해 온 것이다. 대표적인 것이 옥수수이다. 강아지풀 같은 벼과의 잡초에도 C_4식물이 많다.

이들 C_4식물은 건조기후에 강하다. 그 이유는 C_4식물은 기공을 통하여 들여온 CO_2를 즉시 사용하지 않고 그것을 C_4화합물로 가공하여 농축하는 방법으로 많은 CO_2를 받아들일 수 있으므로 기공을 열어(open) CO_2를 흡입하는 횟수를 현저하게 줄일 수 있기 때문이다. 기공을 열었을 때 나가는 수분의 양도 그만큼 줄일 수 있다는 것이다.

C_4식물의 결점

햇빛이 강하면 강할수록 광합성 효율은 높아지지만 햇빛의 강도가 일정 이상이면 더 강해도 소용없는 것이 일반 식물이다. 그러나 C_4식물의 경우는 다르다. 햇빛이 아무리 강해도 축적된 C_4화합물인 탄소를 사용하므로 문제될 것이 없다는 것이 특징이다. 그렇다면 모든 식물의 90%가 왜 C_4회로를 장착하지 않을까?

스포츠카는 고속도로에서는 실력을 발휘하지만, 시내 정체 지역에서는 연비 로스가 많다. C_4식물도 햇빛이 강하고 고온일 경우 고효율이지만 거꾸로 저온이거나 햇빛이 약하면 아무리 CO_2를 보내도 광합성 효율이 C_3보다도 떨어진다. 그러니 온대지방에서는 C_4가 힘을 못 쓴다. C_4회로는 건조지역에서 강한 광합성 시스템이고, 선인장은 더더욱 건조에 강한 시스템인 CAM이다.

광합성은 햇빛이 있는 낮에 이루어지며, 따라서 기공은 낮에 개폐된다. 하지만 낮에 열면 고온으로 수분 증발이 많은 문제가 있으므로 CAM식물은 기온이 낮은 야간에 기공을 여는 시스템이고 나머지는 C_4와 같다. 주간의 광합성은 밤에 받아들여 축적한 CO_2를 사용한다.

수렴진화(convergent evolution)

파인애플도 C_4식물이다. 그러면 알로에는 어떨까? 다육화해서 물을 많이 축적하므로 선인장과 비슷한 면이 많지만 백합과이다. 전혀 다른 생물 종이 환경에 적응해서 진화한 결과, 아주 비슷한 모습이 되는 것을 수렴진화라고 한다. 상어는 어류이고 돌고래는 포유류인데, 물속에서 빨리 수영하는 쪽으로 진화하다 보니 비슷하게 된 것이다.

잡초의 성공 전략

잡초의 성공 전략 = 역경 + 변화 + 다양성

약하다고 약한 게 아니다

경쟁에 약하므로 다른 식물들이 꺼리는 가혹한 장소를 택하고 세밀하게 적응하도록 진화해 왔다. 질경이 잎을 보면 딱딱하면 밟혀서 파괴될 가능성이 크므로 부드럽게 하면서 내구성을 높이기 위해 엽맥을 강하게 넣어서 밟혀도 밟혀도 파괴되지 않는 부드러움으로 경쟁한다. 보기에 약하다고 해서 약한 게 아니고, 강하다고 해서 강한 게 아니다.

자연에 맞서지 말라

수목원에는 바람에 쓰러진 큰 나무들이 많다. 주로 강하고 장엄한 모습의 전나무이다. 나약한 갈대를 보라. 유연하게 흔들리는 모습이 곧 쓰러질 듯하지만 결코 쓰러지지 않는다. 자연에 맞서지 말라는 교훈이다.

역경을 내 편으로

질경이의 씨앗은 물에 젖으면 젤리 상태가 되어 점착성이 나오면서 부풀어 올라 인간의 신발이나 동물의 털에 붙어 멀리멀리 퍼져 간다. 밟히는 역경을 내 편으로 만드는 것이다.

천이의 과정

자연이 만든 잡초의 시대가 있다. 천이의 과정에서 초기에 잡초들의 시대가 있고, 작은키나무들이 등장하고, 이어 큰키나무들이 출현한다. 아무리 인간이 없애려 해도 불사조처럼 다시 살아나는 잡초이다. 인간의 힘으로는 한계가 있다.

잡초의 위대한 역할

• 인간이 파괴한 자리의 보기 싫은 황토색 자연을 바로 복구해 버리는 잡초! 아무도 돌보지 않아도 혼자서 활발하게 임무를 수행하는 모습이 장하다.

- 깊이깊이 뻗은 뿌리를 통하여 땅속 깊은 곳에 공기를 공급해 주는 덕분에 수많은 미생물이 분해에 전념할 수 있다.
- 땅속 깊은 곳의 미네랄을 끌어 올려 몸에 가지고 있다가 몸이 시들면 자연적으로 표층에 축적한다.

부추의 가치

부추 한 단은 인삼이나 녹용과도 바꾸지 않는 피 한 방울보다 낫다는 말이 있다. 특히 첫물 부추는 사위에게 준다는 최고의 가치를 인정받고 있다.

왜 열대우림은 수고 50m에 달하나?

상록활엽수가 주종으로, 높은 기온으로 1년 중 비가 2,000㎜ 이상 내리고, 건기가 없고, 1년 내내 광합성을 하여 성장이 좋아 수고 50m에 달한다.

인류에 의한 환경파괴는 100년 단위로 잴 수 있는 초스피드. 이것은 광합성에 의한 지구환경 변화보다 100만 배 이상의 속도이다. 생명들의 진화 속도로는 적응할 수 없다. 인류도 과연 이 격변에 살아남을 수 있을까? 만일 외계인이 보고 있다면 인간들의 행동을 '자신들이 희생해서 본래의 고대 지구환경으로 되돌리려는 눈물겨운 노력'이라고 비꼴 것이다.

담쟁이덩굴의 5가지 비밀 🌿

첫째, 배광성(背光性)이다. 기주식물을 쉽게 찾기 위해서다.

둘째, 성장 단계에 따라 잎의 모양이 바뀐다. 먼저 1단계는 배광성으로 기주 나무를 찾는 동안으로, 잎이 뾰족뾰족하다. 2단계는 빛이 많은 부분에 도달하면 굴광성(屈光性)으로 변하며 잎의 뾰족한 부분이 하나가 된다.

셋째, 빳빳하고 조그만 뿌리가 나무에 달라붙는다. 이 뿌리는 빛의 반대편에서만 자란다.

넷째, 숲의 가장자리와 북사면을 선호한다.

다섯째, 남쪽 면의 잎은 아래로 기울어져 끝이 땅을 가리킨다. 북쪽 면의 잎은 수평인데, 이 현상은 빛을 더 많이 받으려는 전략이다.

인체에 해로운 외래 야생 식물 총 16종 🌿

- 볏과 4종 : 털물참새피, 물참새피, 갯줄풀, 영국갯끈풀
- 삼과 1종: 환삼덩굴
- 마다풀과 1종: 애기수영
- 십자화과 1종: 마늘냉이

- 가짓과 1종: 도깨비가지
- 박과 1종: 가시박
- 국화과 7종: 돼지풀, 단풍잎돼지풀, 서양등골나물, 서양금혼초, 미국쑥부쟁이, 양미역취, 가시상추

이 중 환삼덩굴만은 자생종이다. 다른 생물을 못살게 구는 종으로는 털물참새피, 물참새피, 애기수영이 있다.

꽃가루

꽃가루 입자의 크기($10\mu g$ 이상으로 미세먼지와는 구분된다)를 살펴 보면 다음과 같다.

- 소나무: $106\sim127\mu g$
- 낙엽송: $61\sim74\mu g$
- 리기다소나무: $57\sim70\mu g$
- 잣나무: $48\sim84\mu g$
- 삼나무: $36\sim38\mu g$

알레르기 원인 식물 🌱

- 나무류 16종: 소나무, 참나무, 자작나무, 오리나무, 너도밤나무, 뽕나무, 개암나무, 버드나무, 이태리포플러, 느릅나무, 팽나무, 플라타너스, 단풍나무, 호두나무, 물푸레나무, 삼나무
- 잡초류 10종: 돼지풀, 쑥, 비름, 명아주, 환삼덩굴, 질경이, 수영, 애기수영, 소리쟁이, 쐐기풀

전 국토 산림의 74.3%는 알레르기를 유발하지 않는 곳인데, 알레르기 유발 산림으로는 소나무(15.5%), 참나무(4.7%), 자작나무(4.5%), 단풍나무(0.5%), 단풍나무(0.4%)가 있다.

광합성 심층 분석

에너지 흐름

지구는 진공에 떠 있는 볼이며 지구의 에너지원(源)은 태양으로 그 빛이 지구를 데워 준다. 빛은 대기층을 통과하는데, 사람의 눈에는 투명한 공기도 빛의 입장에서는 불투명한 것이며 오존층이 자외선에 대하여 불투명한 막이 된 것은 다행 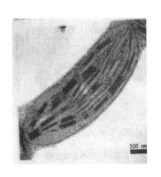 이다. 이산화탄소나 수증기는 적외선 일부를 흡수하며 최종적으로 대기를 통과하는 것은 가시광선, 적외선 일부, 극소량의 자외선이다. 진공 상태에서도 에너지는 전달된다.

태양으로부터 오는 빛(가시광선)과 나가는 빛(적외선)의 에너지가 균형을 취할 때에는 지구의 온도가 일정하지만, 이 균형이 무너지면 온난화 같은 변화가 일어난다. 이 태양광은 생태계 전체의 에너지원이 되고 이 에너지는 최후에는 열 형태로 되어 적외선 상태로 우주 공간으로 나간다.

광합성과 호흡의 균형이 중요한 이유 🌱

광합성은 이산화탄소를 유기물에 고정해서 물을 분해해서 산소를 발생하는 반응이며, 만들어진 유기물은 식물 자신과 식물을 먹은 동물의 호흡으로 분해되어 에너지를 만든다. 광합성과 호흡이 균형을 맞추면 산소, 이산화탄소, 물, 유기물이 증감 없이 순환하는 시스템이다.

산소

대기 중에 21%, 사람이 호흡으로 내보내는 공기 중에는 16%가 포함되어 있고, 70억 인간이 호흡할 때마다 5% 줄어든다. 호흡하는 것은 인간만이 아니라 동물, 미생물까지 합하면 수천 년 후에는 지구상에 산소가 고갈될 것이다. 이 위기를 해결하는 것이 광합성이며 따라서 호흡과 광합성의 균형이 중요하다.

그렇다면 인간 1명의 호흡을 감당하려면 나무 몇 그루가 필요할까?

정확히는 어렵고 대략 계산하면, 30년 수령으로 $5m^2$ 체적의 큰 나무의 수분을 제외하면 2.5톤이며 이 셀룰로스 덩어리에 포함된 탄소의 무게는 약 1.1톤, 이것을 이산화탄소로 환산하면 3.7톤이다. 이것은 1년에 120kg에 상당하며, 인간은 1일 1kg의 이산화탄소를 내놓으므로 1년에 360kg이므로 3그루의 나무가 필요하다.

광합성과 생물의 호흡, 어느 것이 먼저 진화되었나? 🍃

태고의 지구의 대기에는 산소는 거의 없었고, 후에 광합성에 의해 생긴 것이며, 고농도였던 이산화탄소는 점차 흐려졌다. 광합성이 시작되면서 산소가 발생하였고, 이후에 그 산소를 호흡하는 생물이 나타났다고 보이지만, 다양한 생물 중 호흡과 광합성 분포를 보면 호흡이 먼저이다. 호흡은 동식물 공통이고 광합성은 식물에만 해당한다. 동물과 식물의 공통 조상이 호흡했고, 그 후 식물과 동물로부터 갈라져 나오면서 광합성이 출현하였기 때문이다.

광합성세균 🍃

광합성세균의 광합성

식물의 광합성과는 다르다. 광에너지를 사용해서 이산화탄소를 유기물에 고정하는 것은 같으나, 물을 사용해서 산소를 내는 것은 불가능하다. 광합성세균의 탄생은 지구생태계에 있어서 '빛을 이용한다'가 시작된 대사건이다.

산소를 발생하는 생물의 출현

27억 년 전, 시아노박테리아(cyanobacteria, 일명 남조류, blue green algae)가 등장한다. 단세포인 원핵생물로 지금은 어디서나 보이는 식물과 조류의 조상이며, 육상생물보다는 같은 원핵생물인 광합성세균과 비슷하고, 물을 분해하여 산소를 내는 최초의 생물이다.

진핵생물이 다른 광합성생물을 받아들여 공생을 시작한 것은 포식 그 자체였다. 최초는 미세 조류를 포식해서 소화해서 영양을 만들었는데, 때로는 소화되지 않은 채 세포 안에서 한참 동안 광합성을 했다. 그러는 동안 최종적으로 이 공생체를 엽록체로 바꾸어 스스로 광합성을 하게 되었다.

광합성의 원동력은 빛

빛에 따른 잎의 모양

다음 그림처럼 빛이 약할 때와 강할 때의 잎의 모양이 다르다.
약할 때는 많은 빛을 받으려는 자세를 취한다.

빛이 약할 때(좌)와 빛이 강할 때(우)

엽록체의 이동

이 그림처럼 빛이 약할 때는 왼쪽처럼 엽록체가 빛을 받기 좋은 대열로 정렬하지만, 강할 때는 오른쪽처럼 그냥 통과시키는 배치로 이동한다.

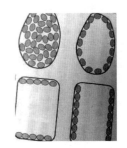

식물의 해결책

태양광 1시간으로 전 인류가 1년간 쓸 수 있으므로 태양에너지를 100% 이용하면 에너지 문제는 없을 것 같지만, 문제는 빛이 너무 엷다는 것이며 그것을 모으려면 상당한 면적이 필요하다는 것이다. 식물도 마찬가지 문제에 부딪혀서 내놓은 해결책은, 잎이 되도록 많은 빛을 모을 수 있게 설계하는 것이다.

동물의 광합성

산호는 분류학상 동물이지만 공생하고 있는 갈충조의 광합성에 의지해 살아간다. 생김새는 식물 같아서 동물의 광합성 같은 이미지는 없다. 일부 해파리는 광합성으로 살아가므로 따로 먹이가 필요 없어 다른 해파리처럼 독을 만들 필요가 없다.

단풍 색소의 차이 🌱

광합성 색소인 엽록소와 카로티노이드는 엽록체 속에 있는데 잎이 노랗게 변하는 이유는 뭘까? 엽록소는 분해되어 가는데 카로티노이드는 비교적 분해되지 않으므로 가을에 잎이 노랗게 되고, 빨갛게 만드는 색소인 안토시아닌은 가을에 새롭게 합성되는 것이다.

그러면 왜 광합성이 불가능한 안토시아닌을 가을에 부랴부랴 합성하는가? 확실하게 밝혀지지는 않았지만, 잎이 스트레스를 받으면 안토시아닌을 합성하는 예가 있고, 너무 강한 빛으로부터의 장애를 방어하기 위해(안토시아닌은 자외선을 흡수) 등이 추측되고 있다.

빛과 에너지 🌱

빛의 성질

빛의 색깔마다 에너지가 다르다. 빨강은 파장이 길어 에너지가 약하며 적외선은 더 약하다. 보라는 파장이 짧아 에너지가 강하다. 자외선은 더 강하다. 빛은 흡수되지 않으면 일하지 않는 성질이 있다.

빨간 광선이 따뜻하게 되는 이유는?

물은 가시광선 중 빨강을 흡수한다. 70%가 물로 되어 있는 인간 속에 들어온 빛은 단순하게 열에너지로 바뀌기 때문이다.

엽록체

엽록체는 주로 빨강과 푸른 광선을 흡수하는데, 인간의 눈에는 녹색만 들어오므로 잎은 초록색으로 보인다. 그렇다고 해서 엽록체가 초록빛을 흡수하지 않는다 하여 초록빛을 이용하지 못한다는 것은 아니다. 흡수하는 효율이 나쁠 뿐, 전혀 흡수하지 않는다는 것은 아니다. 미량이나마 흡수된 초록빛의 약 80%가 광합성에 사용된다.

C_4, CAM, C_3

대부분의 식물의 광합성 형(型)은 종(種)에 따라 고정되어 있지만, 일부 식물은 환경에 따라 변한다. 엘레오카리스 비비파라(Eleocharis vivipara)는 수중이나 공기 중에서나 잘 자라는데 수중에서는 C_3, 공기 중에서는 C_4형 광합성을 한다. 수중에서는 빛이 약한 대신에 건조 스트레스가 없으므로 C_4형을 택해도 의미가 없으므로 환경에 따라 방법을 달리한다. C_4, CAM, C_3 모두 행하는 식물도 있다.

기공과 물의 증산

$100cm^2$의 잎이 활발하게 광합성을 한다면 1시간에 $50mg$의 이산화탄소를 유기물로 바꾼다. 이 이산화탄소의 양은 보통 상태의 $25ml$에 상당한다. 공기 중의 이산화탄소 농도는 0.04% 이하이므로 $25ml$의 이산화

탄소는 대체로 60ℓ 이상의 공기에 상당한
다. 때문에 이 잎에서는 1시간 내에 최소
60ℓ의 공기가 기공을 통하여 외기와 교환
되어야 한다.

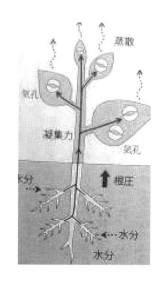

여기서 문제가 되는 것은 증발이다. 내
부는 언제나 100% 습도로 외부보다는 높
기 때문에 이산화탄소를 흡입하려 해도
물이 증발해서 실패한다. 100㎠의 잎이 1
시간에 5gr 정도 물을 빼앗긴다. 100㎠의
잎 속에는 1gr 정도 물이 있으므로 1시간
에 5회 정도 들여와야 한다는 계산이다. 만일 기공을 열어 놓는다면 분
명히 물 부족에 시달릴 것이다.

물은 증산으로만 소모되는 것이 아니다. 광합성은 물을 분해해서 산
소를 발생시키므로 물이 꼭 필요하다. 100㎠의 잎이 왕성하게 광합성을
한다면 분해되는 물의 양은 1시간에 20㎎ 정도이며, 잎 속의 물의 양은
1시간에 증산되는 양의 20% 정도이다. 그중에서 광합성에 의해서 분해
되는 물의 양은 불과 0.4~0.5%가 된다.

사실 광합성에만 사용되는 물의 양은 아주 미량이지만 광합성을 하기
위해 기공을 열어야 하는데, 그동안의 증산을 고려하면 단순하게 미량
이라고 할 수는 없을 것이다.

광합성 주침(晝寢) 현상 🌿

보통은 해가 뜨면 광합성을 시작하여 해가 중천일 때 가장 왕성하게 하고, 해가 기울면 천천히 하다가 해가 지면 중단한다. 그런데 건조지대에서는 아침에 올라갔다가 낮에 저하했다가 저녁에 다시 올라간다. 광합성 주침 현상이란, 이렇게 낮에 광합성이 일단 주춤한 현상을 가리킨다. 광합성에는 미량의 물이 쓰이지만, 만일 물이 부족하면 기공이 닫혀 이산화탄소가 부족해져 완전히 광합성을 못 하게 되니까 최악의 상황을 피하기 위함이다.

조류의 애로 🌿

광합성에 필요한 빛이 가장 강한 곳은 수면(水面) 가까이이다. 물속 깊이 들어갈수록 빛은 약해져 간다. 한편 조류 등의 광합성 생물에 있어서 빛과 함께 중요한 질소나 인 같은 영양염은 수면 가까이는 적고 깊은 곳에 많다. 그것은 수면 가까이 있는 조류에 의해 무기영양염이 흡수되고, 생물에 흡수된 영양염은 그 생물이 죽으면 가라앉기 때문이다.

그 때문에 조류에 있어서는 깊은 곳은 빛이, 얕은 곳은 영양염이 부족하여 증식에 애로가 생기는 것이다. 그런데 가끔은 해류가 육지에 부딪혀 심해의 물이 수면에 올라오는 경우가 있는데, 이때 빛과 영양염이 함께 풍부하여 조류가 크게 발생한다.

인공광합성은 어디까지? ✐

1901년부터 시작된 노벨상은 지금까지 광합성 관련으로 10회 수상하였다. 큰 노력과 성과가 있었다는 방증이다. 하지만 유감스럽게도 아직은 '광에너지를 사용해서 이산화탄소를 전분으로 바꾸는 작업'은 꿈이다. 만일 식물의 광합성의 효율로 성공한다면 상상을 초월하는 미래가 펼쳐질 것이다. 일견 단순하고 간단해 보이는 방정식을 오랜 세월 동안 수많은 천재가 도전해 왔지만, 神은 아직은 신성불가침 영역으로 남겨두고 싶은 모양이다.

6부

동물 탐구

곤충은 왜 변태하는가?

투구벌레의 변태 🌱

딱딱한 투구로 몸을 감싼 성충에 비하면 연약한 유충은 무방비 상태나 마찬가지이다. 흙이나 마른 잎에 숨어 있기는 해도 두더지가 좋아하는 먹이라 잡아먹히는 것이 많은 데 비해 성충은 나무 위나 마른 잎 속에 있어서 까마귀나 고양이의 노림은 되지만 리스크는 그리 크지 않다.

유충은 행동 범위가 좁으므로 만일 유충인 채로 성충이 된다면 가까이 있는 유전적으로 아주 가까운 개체와 교미할 수밖에 없으므로 다양성을 확보하기 위해서는 다른 방법을 채택할 수밖에 없었다. 그래서 포식당하기 어려운 딱딱한 몸을 갖는 성충이 되는 방향으로 진화했다. 결국, 다양한 종을 남기기 위한 교미 때문에 변태하는 것이다.

그렇다면 변태 같은 번거로움은 버리고, 처음부터 성충 같은 모양으로 태어나면 좋지 않은가?

메뚜기는 유충과 성충이 비슷하지만, 탈피를 여러 번 하므로 그럴 때 움직일 수 없으니 포식당할 리스크가 크다. 투구벌레처럼 딱딱한 피부는 탈피할 수 없으므로 번거롭지만, 유충이나 번데기라는 리스크 높은 형태를 거치는 것이다. 또 하나의 이로운 점은 성충이 되어 식료나 암컷 쟁탈전을 벌일 때 큰 몸집이 유리하기 때문에, 두더지에게 잡아먹힐 리스크가 있긴 해도 장기간의 유충 때에 많이 먹어 몸집을 불리는 것이 정답일 것이다.

성충이 되면 경이적인 페르몬, 운동, 투쟁 능력 등으로 무장하여 이성을 찾아 나선다. 교미 후에는 역할을 다했으니 죽음을 맞이한다. 잠자리는 성충 수명이 24시간도 채 안 된다. 교미, 산란 후 신속하게 죽는 것은 이미 프로그래밍되어 있기 때문이다.

잠자리를 쉽게 잡을 수 있는 이유? 🌿

잠자리는 세계에 2,500여 종, 우리나라에 420여 종이 있으며, 곤충 중에서 가장 빠르게 초속 10m 속도로 날면서도 작은 벌레들을 잘 잡는 비결은 눈에 있다.

잠자리에게는 겹눈 2개와 정수리 부근의 홑눈 3개가 있다. 2개의 겹눈에는 약 30,000개의 낱눈이 있어 곤충계 최고의 시력을 자랑한다. 20m 거리의 작은 것은 물론 옆, 뒤도 볼 수 있다. 잠자리는 앞뒤 날개를 따로따로 움직일 수 있는 유일한 곤충으로 정지비행도 가능하지만, 체온이 12~15도는 되어야 비행할 수 있다.

우리가 잠자리를 잡으려고 하면 잠자리는 '이게 뭐지?' 하면서 그 많은 눈으로부터 수집되는 정보를 분석하느라 약간 시간을 끌기 때문에 쉽게 잡히고 만다. 너무 많은 눈이 있으므로 역으로 일어나는 현상이라고 많은 학자가 설명하고 있지만, 글쎄… 과연 그게 정답일까?

합리적이고 효율적인 벌의 세계 🌿

벌이 상호 협력하는 이유

다세포생물의 세포 간 분업처럼 벌이나 개미처럼 분업하는 사회적 집단을 '콜로니'라고 한다. 사회성 곤충의 콜로니는 개체의 레벨을 초월한 기능적 단위이다. 복수의 개체가 협력하는 것은 진화란 개념으로 볼 때 문제가 있다.

각 개체는 각각의 DNA를 갖고 자기 복제를 할 수 있는 기능적 단위로 자신의 증식 효율을 최대화하도록 하는 자연선택을 한다. 그러나 이와 같은 집단적 협력이 개별로 하는 것보다 더 효율적일 것을 알기 때문이다. 그런데 정말 그럴까?

학자들이 많은 실험을 해 왔는데 한결같은 결론은 집단 활동이 개별보다 자손을 남기는 데 훨씬 효율적이라는 사실이 밝혀졌다. 유충을 포식자로부터 효과적으로 보호하는 것도 그렇다. 개미나 벌들이 사회생활을 열심히 하는 이유가 있었다. 이러한 집단은 다양한 집단 형태로 발전하여 엄격하고도 효율적인 방향으로 발전하였다.

꿀벌이 새집으로 이사할 때, 무리가 일시적으로 나뭇가지 등 임시 장소에 모여 여기저기 정찰 벌을 보낸다. 정찰하고 돌아온 후 후보지가 자기 맘에 들면 동료들이 그곳을 정찰토록 그 유명한 8자 춤을 춘다. 8자의 방향은 후보지가 있는 방향, 댄스의 격렬함은 거리를 나타내어 동료들을 다녀오게 한다. 이렇게 후보지마다 검토를 거듭한 후 다수결로 결정한다. 다수결을 채택하는 이유는 잘못된 결정을 내릴 확률을 낮추고, 타당한 결정을 내릴 확률을 높이려는 목적에 있다.

나비와 나방 🍃

확실하게 다른 딱 한 가지는 더듬이 모양이다. 나비의 더듬이는 곤봉 모양으로 끝이 뭉툭하나 나방은 갈고리나 톱니 모양으로 냄새를 더듬이로 맡는다. 프랑스에서는 둘 다 지칭하는 말로 '빠삐용'이라 부르고, 북한에서는 '낮나비'와 '밤나비'로 부른다.

나방은 부정적 이미지가 강하지만 생태계에서는 중요한 개체조절자이다. 누에나방을 보면 부정적 이미지가 사라질 것이다. 또 하나의 익충 나방은 '꿀벌부채명나방'이다. 꿀벌 집을 망가트리는 미운 측면도 있지만, 애벌레가 비닐을 쉽고 빠르게 분해할 수 있다는 특징도 있다.

매미의 5덕

- 문(文): 입이 두 줄로 뻗은 것은 선비의 늘어진 갓끈 모양
- 청(淸): 깨끗한 수액만 먹음
- 염(廉): 농작물은 해치지 않음
- 검(儉): 집을 짓지 않는 검소함
- 신(信): 겨울이 오기 전에 죽음

조선시대 임금님이 정사를 볼 때 쓴 관모를 '익선관(翼蟬冠)'이라 함은 늘 매미의 5덕을 명심하라는 뜻이다.

동물 탐구

박쥐와 나방의 스텔스 공중전 🖋

야행성 동물 중 시각에 의존하지 않는 것이 있는데, 그것은 박쥐. 입과 코로부터 초음파를 내보내고 그 반향음을 듣고 주위에 무엇이 있는지를 파악하는 데 20만㎐이

다. 1만~2만㎐까지밖에 들을 수 없는 인간에게는 불가능한 소리다.

식사 때에도 초음파를 사용한다. 피를 빠는 것은 극소수이고, 대부분은 초음파로 곤충을 잡아먹는다. 특히 야행성 곤충이 타깃이다. 그런데 일부 나방 중 초음파를 들을 수 있는 것들은 박쥐의 초음파를 듣는 순간 급선회를 하여 도망을 가기도 하고 한술 더 떠서 같이 초음파를 내보내 전파 방해를 하여 박쥐로 하여금 혼란을 일으키게 한다. 한판 대결이 한밤중 공중에서 일어난다. 누가 유리할까? 확실하게 유불리를 가를 수는 없지만, 나방이 결코 밀리지 않는다는 사실이다.

요각류의 생활 🍃

플랑크톤은 먹이사슬을 지탱하여 바닷속 생태계가 원활하게 돌아가게 하는 막중한 임무를 띠고 있다. 요각류는 식물플랑크톤을 먹고 사는 동물플랑크톤 무리로, 자신도 동물의 먹이가 되어 많은 물고기의 목숨을 지탱하고 있다.

요각류는 그냥 떠 있기만 하는 것이 아니라 밤이 되면 수면에 올라와 광합성으로 늘어난 식물플랑크톤을 먹고, 밝아지면 밑으로 가라앉는 운동을 매일 반복하고 있다. 상하 이동 거리는 수백 미터에 달한다. 1mm 정도의 요각류로서는 자기 몸보다 몇십만 배에 이르는 거리를 매일 왕복하고 있는 셈이다.

그런 요각류 중에는 몸이 투명한 것이 있다. 수중 생물 중에는 어린 해파리나 뱀장어처럼 투명한 것이 더러 있는데, 육상에서는 의태를 한다거나 해서 위기를 넘기지만 바닷속에서는 배경도 바뀌고 보는 방향도 여러 각도이므로 투명이 최상의 숨기는 방법이다. 그런데 먹이가 몸을 통과하는 것은 보인다. 그러니 그때에 포식자에게 많이 당한다. 그리고 밤에 수면에 올라와 먹이를 먹을 때는 투명할 필요가 없으니 더 당할 이유가 될 것이다.

무순류의 교미 🍃

바다에 사는 자웅동체이며, 편충·달팽이·지렁이·따개비 등등도 마찬가지로 자웅동체이다. 하지만 혼자서 아이를 만들 수는 없다. 정자를 받는 기관이 등에 있어서 한 개체의 등에 다른 개체가 머리를 얹는다. 뒤쪽의 수컷 역의 등은 비어 있는데, 여기에 또 다른 개체가 와서 머리를 얹는다. 그리고 또 다른 개체가 와서 머리를 얹고 하여 많은 개체가 한꺼번에 교미할 수 있다. 동시에 암수 역할을 다할 수 있는 것이다. 하지만 재미있는 사실은 몸집이 큰 개체가 비교적 암컷 역할을 자주 한다는 점이다.

편충의 번식 투쟁 🍃

많은 동물이 자손을 남기려고 암수가 힘을 합치는데, 그 노력이 암수 평등하다고는 할 수 없다. 어느 한쪽이 손해 본다고 생각되면 상대에게 넘기려는 투쟁이 일어나는데, 자웅동체인 편충도 그런 현상이 있다. 평평한 모양의 편충은 그 번식 방법이 특이하다.

수컷 역의 편충이 상대의 몸에 교미기를 꽂아 구멍을 내고 피부 밑에 정자를 주입한다. 그 정자는 체내를 돌아다니다가 알을 만나 수정이 이루어진다. 암컷 역은 몸에 상처가 나지만 수컷은 재미있어한다. 그래서 누구나 수컷 역을 원하여 때로는 두 마리가 동시에 교미기를 휘두르며 상대에게 찌르려는 다툼이 일어나고, 이기는 자가 뜻을 이룬다. 암수의 부담이 너무 차이가 나는 이유로 이러한 싸움은 끊이질 않는다.

성전환하는 동물, 흰동가리 🍃

일부일처인 흰동가리는 암컷이
죽으면 남겨진 수컷의 몸이 변하여
정자 생산을 멈추고 알을 만들도록
성전환한다. 방법은 다르지만, 이
역시 자웅동체 같은 모습이다. 하
지만 따개비나 편충처럼 동시에 암수인 것과는 다르게 어느 한순간만
놓고 보면 암수 중 어느 한쪽인 것은 분명하다. 이렇게 성전환하는 것
은 산호초 주위에 사는 물고기에게서 흔히 발견된다.

흰동가리는 제일 몸집이 큰 개체가 암컷이며 그다음 큰 것이 수컷으
로 번식하는데, 이 페어와 더불어 아직 암수 구별 안 되는 어린아이들
이 무리 지어 함께 살아간다. 이 상태에서 암컷이 죽으면 두 번째로 몸
집이 컸던 것이 1번이 되어 암컷으로, 가장 큰 어린애가 2번이 되어 어
른이 된다. 물고기는 보통 몸집이 커야 알을 많이 낳을 수 있기에 큰 쪽
이 암컷이다.

해마의 양육법 🍃

물고기 중에는 수컷이 새끼를 기르는 종이 많은데, 그중에서도 가장
능력 있는 것이 해마이다. 수컷이 아기를 기르는 주머니를 배 속에 가
지고 있고 거기에 암컷이 알을 낳는다. 수컷은 알에 영양과 산소를 공

급하며 키운다. 마치 수컷이 임신한 것 같은 모양
새이다. 새끼가 독립할 때까지 수 주간 지나면 주
머니를 수축시켜서 작은 해마를 뿜어낸다. 암컷
은 주위에서 머물다가 수컷의 주머니가 비면 다시
알을 품게 만든다.

고둥의 출산

암컷이 혼자서 자식을 남길 수 있는 동물
도 있는데, 그중에서 엄마가 자기와 완전
하게 꼭 같은 새끼를 낳는 것이 있다. 바로
고둥이다. 새끼를 못 낳는 수컷을 낳을 필
요가 없기 때문이다.

물리법칙을 이용한 땅강아지의 땅속 터널 집

여름이 되면 어디선가 '지-'
하는 소리가 들린다. 땅강아지
소리다. 땅강아지는 땅속에 터
널 같은 구멍을 파서 살아간다.
'지-' 하는 소리는 바로 수컷이

암컷을 불러들이려고 우는 것이다.

유럽 등지에서 사는 땅강아지 중에는 음향 효과를 구사한 집을 짓는 종류가 있다. 집 구멍의 일부에 안쪽을 매끄럽게 마감 처리한 원통 모양의 방을 짓고, 거기서부터 가느다란 터널을 수평으로 연장하여 그 끝의 지면이 확성기 모양처럼 크게 확대되게 한다. 땅강아지는 수평의 터널에서 방을 향해 운다. 그러면 소리가 공명 효과를 내고 지면에서 확성기 효과가 겹쳐 큰 소리로 울린다. 인간과 같은 물리법칙을 사용한 것이다.

성대모사의 달인, 큰거문고새

수컷의 하얗고 긴 꽁지깃을 펴면 거문고 모양이라서 지어진 이름이다. 총소리도 흉내 낼 정도로 성대모사에 능하다. 집단으로 내는 새소리까지도 단 하나의 날개로 흉내 낸다.

개미의 감염증 대책

사회성 곤충들이 모여서 사는 것은 장점도 많으나 병의 확산 위험성이 높다. 특히 습도가 높아 병원균이 살기 좋은 곳에 집을 짓는 개미에

게는 그 위험성이 더욱 높다. 그래서
그들은 스스로 항균물질을 분비해서
자기와 집단에 칠해서 몸을 지킨다.
그리고 오염된 먹이를 구분해 낼 수
있다.

또 동료가 오염되었으면 상대의 몸에서 균의 포자를 없애고 자기 몸
도 깨끗하게 한다. 유충을 청결하게 하기 위해 항균성 있는 침엽수의
수지를 모아 집에 쌓아 놓기도 하지만, 완전하게 방어할 수는 없기에
어떤 종은 감염된 일벌은 유충 접근을 못 하게 하고, 또 어떤 종은 감염
이 심해서 약해진 개미는 집 밖으로 멀리 보내어 죽게 한다.

큰까마귀의 집단생활 🍃

큰까마귀는 영역을 정해서 번식을
시작하기까지 자유로이 행동하면서
자연히 이합집산이 일어나는 집단을
만들어 산다. 집단 내에서 싸움이 일
어나면 서로 도와 수습한다. 집단 내

에서 친한 친구를 가진 큰까마귀가 고독한 큰까마귀보다 집단 내의 지
위가 높아진다. 하지만 집단 내의 높은 순위의 개체로부터 공격받으면
자기편이 가까이 있을 때는 소리 내어 울고, 없을 때는 조용히 당한다.
그러니 자연스럽게 집단생활의 여러 가지를 서로서로 조심한다는 이야기이다.

사자의 하품 🌿

동물원이나 사파리에서 하품하는
사자는 쉽게 볼 수 있다. 하품은 전
염된다고들 한다. 사자는 자러 갈 때
또는 거꾸로 움직이기 시작할 때 편
안한 자세로 하품한다고 한다. 고양
이도 마찬가지이다.

옆 사자가 하품하는 것을 보면 따라서 하품하게 되는데 그 빈도수는
139배이다. 이웃의 사자가 자러 가면 따라서 자고, 움직이기 시작하면
따라서 움직인다는 사실은 하품이 하나의 신호가 될 수 있다는 표시이
다. 각자가 각각 행동하면 먹이 활동이 효율적이지 못하므로, 하품은
집단생활의 하나의 표시인 셈이다.

소리개는 방화범 🌿

화재는 길게 보면 자연계의 지극히 자연스러운 현상 중의 하나이다.
불이 나면 맹금류는 불길 가까운 하늘을 선회하는데, 그것은 불을 피해
도망가는 작은 동물을 노리는 것이다. 그런데 머리 영특한 맹금류들은

불이 붙은 가지를 부리로 물거나 발톱으로 잡고 수십 미터 이동해 떨어뜨린다는 것. 불길이 길을 건너서 또는 강을 건너서 옮겨붙는 것은 이런 이유도 있을 거라고 한다.

사기꾼 쇠백로

쇠백로가 물고기를 속이는 방법이 있다. 긴 부리 끝을 수면에 대고 짧은 간격으로 열었다 닫았다가 하면 부리를 중심으로 작은 파문이 퍼져 나간다. 그러면 고기들이 '무슨 일이 있나?' 궁금해서 모여든다. 작은 파도가 생기는 것은 보통 곤충이 물에 떨어질 때 생기기 때문이다. 검은댕기해오라기는 마른 잎, 작은 가지, 스티로폼 조각 등 가리지 않고 수면에 띄워 고기들의 관심을 끈다.

복서게의 기상천외한 무기

동물들은 뿔·이빨·발톱·침·독 등 자기가 가진 것을 무기로 삼지만, 복서게의 무기는 특별하다. 복서게가 천적을 만나면 집게로 잡은 말미잘을 흔들며 싸운다. 그것도 아
주 능숙한 기술로. 옛날 한니발이 코
끼리를 이용했듯이 말이다.

복서게는 언제나 양쪽 집게로 각각
말미잘을 한 마리씩 갖고 있다. 일부
러 그 두 마리를 뺏어 보니, 복서게는 다른 복서게가 갖고 있는 말미잘
을 한 마리 뺏어 와서는 그것을 둘로 찢어서 양손에 하나씩 들었다. 어
느 정도 시간이 지나자, 말미잘은 곧 재생되어 양손에 완전한 말미잘을
하나씩 갖게 되었다.

그런데 더 신기한 것은 양손에 든 말미잘이 뭔가 먹으려 하면 뺏어
먹는데, 이유는 말미잘을 갖고 다니기 편리하게 하려면 말미잘이 크게
성장해서는 안 되기 때문이다. 실제로 만일 말미잘이 복서게에서 벗어
난다면 6주간에 2배 이상 자란다고 한다.

날개 없이 나는 가뢰 🍃

옛날에는 인간은 하늘을 나는 것을 꿈꾸었다. '날
개도 없이 어떻게 난다는 말인가?'라는 생각을 가졌
었는데, 실제로 동물 중에서 날개도 없이 날아다니
는 것이 있다. 바로 가뢰다.

가뢰 성충은 날개가 퇴화하여 작아서 날 수 없는
데, 가뢰 유충은 꽃이 피는 풀에 올라가 방문한 꿀벌의 등에 타고 날아

다닌다. 택시처럼 이용하는 모양새이다. 어떤 것은 꿀벌을 기다릴 인내심이 없는지 콜택시를 부른다. 방법은 암컷의 페르몬 냄새 비슷한 것을 발산하여 꿀벌 수컷을 불러들여 타고 다니는 것이다. 더 기막힌 것은 꿀벌을 타고 가서 꿀벌 집에 쌓아 둔 육아용 화분 같은 것을 먹고 산다는 사실이다.

꽃등에와 닭의장풀

먹이를 쫓아 꽃에 와서 꽃가루만 먹고 간다면 결국 꽃등에도 먹이가 사라질 것이다. 꽃을 도와주려는 마음은 애초에 없었지만, 결과적으로는 수분을 도와주는 쪽으로 진화했다.

여름에 화려한 흔치 않은 로얄블루 색을 자랑하며 피는 닭의장풀꽃은 길이가 다른 세 종류의 수술을 갖고 있다. 번식용 화분이 있는 기다란 2개는 수수한 갈색으로 꽃의 정면 아래쪽에 나와 있고, 그 뒤쪽에 먹이용 화분이 있는 수수한 노란색으로 보통 길이의 1개, 그리고 화분이 없는 눈에 띄는 노란색의 짧은 수술이 3개 있다. 이 배치가 꽃등에가 화분을 운반하도록 하는 구조이다. 꽃등에가 눈에 띄는 안쪽의 짧은 노란색을 목표로 돌진하면, 번식용 화분이 날개에 묻지 않을수 없다.

산호도 싸운다 🖋

한자리에서 살며 많은 생물이 살
수 있게 해 주는 산호가 동물이란 말
에 의아해하는 사람이 많다. 해파리
나 말미잘 집안이다. 우리에게 비치
는 산호 대부분은 하나의 개체가 아

니고 산호충이라 불리는 작은 생물들의 집합체이다. 하나하나 산호충
을 잘 보면 몸 한가운데에 열린 입의 주위에 촉수들이 있어서 해파리나
말미잘과 같은 몸을 하고 있다.

산호는 움직이지 않지만, 동물처럼 먹이를 먹고 싸움도 한다. 산호
의 무기는 촉수. 해파리의 촉수에 닿으면 찌릿찌릿 아픈 것같이 산호
촉수도 찔리면 독을 주입한다. 이것으로 싸우거나 플랑크톤을 마비시
키기도 한다. 싸움용 촉수는 먹이를 취할 때의 촉수보다 길다. 산호는
움직이지 않는 것처럼 보이지만 오히려 움직일 수 없는 만큼 격렬한 싸
움을 한다. 싸움을 피해 도망갈 방법이 없으니 이판사판 격렬하게 싸울
수밖에 없다. 산호초 주변은 언제나 조용한 전쟁 중이다.

싸움의 법칙 🖋

게 두 마리의 싸움을 관찰하면 대부분 조금이라도 몸집이 큰 쪽이 이
긴다. 몸집 차이가 조금 나는 특정 게 두 마리를 싸움 붙이니까 큰 쪽이

이겼다. 이번에는 진 게를 보다 작은
게들과 여러 번 싸움 붙여 보았는데
몇 판을 계속 이겼다. 이기는 습관이
붙은 이 게를 처음 싸움을 붙었던 자
기보다 큰 게와 다시 싸움을 붙여 본

결과, 이번에는 이겼다. 이기는 습관! 우리도 이런 경험을 많이 하며
살고 있지 않은가?

꽃발게의 허세

　자기 신체 일부를 스스로 잘라 버리는 동물이 많이 있다. 잘린 부분
은 바로 막혀서 출혈이 멈춘다. 게의 집게나 다리가 잘려도 시간이 지
나면 재생되어 원상회복된다. 좌우가 다른 것은 재생 중이기 때문이
다. 하지만 꽃발게는 태어날 때부터 좌우 크기가 다르다. 수컷은 큰 집
게를 싸울 때 쓰기도 하고 흔들어서 구애할 때 쓰기도 한다. 꽃발게는
집게가 잘려도 단 1회 탈피로 완전히 원상 재생된다. 하지만 재생 집게
는 크기만 같을 뿐 전혀 힘을 쓸 수는 없다. 하지만 흔들어 구애할 때도
요긴하게 쓰고 싸울 때도 흔들어 허세를 부리면 대부분 속아 넘어간다
고 한다.

톡토기의 특별한 번식법 🌿

동물 대부분이 암수의 접촉으로 번식
을 하지만, 톡토기 수컷은 번식 때에 정
자가 들어 있는 주머니를 만들어 흩뿌
리고, 암컷은 그 주머니를 발견하면 주
워서 자신의 배에 있는 구멍으로 집어

넣어 배란한다. 여기에 접촉은 전혀 없다. 어떤 톡토기는 암수가 머리
를 맞대고 옆으로 스텝을 밟거나 하면서 춤을 추며 구애해서 분위기가
무르익으면, 수컷은 얼른 정자주머니를 만들어 암컷 앞에 놓아둔다.
암컷이 집어 들기를 기대하며.

이기적인 실잠자리 🌿

잠자리의 수컷은 교미하기 전에
암컷의 체내에 누군가의 정자가 있
으면 밖으로 퍼내어 없애 버리고,
주머니 깊숙이 밀어 넣어 수정되기

쉬운 위치에 자기 정자를 채운다. 수컷은 교미기에는 그것이 가능한 돌
기가 나 이 행위가 가능하게 되어 있다.
　이것으로 안심할 수 있을지도 모르지만, 그렇지 않다. 누가 아버지
가 될지는 암컷이 영향을 미치게 한다. 퍼낸다 해도 체내를 완전히 깨

끗하게 하기는 어려워 여전히 일부 정자는 남아 있기 때문이다. 임컷은 그 남아 있는 것을 새로 교미하여 들어온 정자와 섞기 때문에 실제로 누가 아빠인지는 모른다.

노린재의 뒷다리

아메리카의 노린재 일종은 가시가 돋친 큰 뒷다리를 가지고 있어 암컷과 짝짓기를 위해 영역을 돌아다닐 때 수컷끼리 싸움이 격렬하게 전개된다. 싸울 때 뒷다리를 잡히면 도마뱀이 자기 꼬리를 스스로 자르듯 큰 뒷다리를 스스로 잘라 내어 자기를 보호한다. 가장 큰 무기를 잃었으니 싸움에서 이길 수는 없다. 젊을 때라면 재생이 되기는 하지만 원상처럼 크고 멋있게는 안 된다. 대신 정자주머니가 이상비대 성장한다(다리를 안 다친 정상보다 20% 크다). 그래서 만일 짝짓기가 이루어지면 많은 알을 낳게 할 수 있다.

니치(niche)

니치(niche)란 무엇인가? ✏

코어 컨피던스와 니치

코어 컨피던스(core confidence)는 경쟁자를 압도하는 뭔가를 말하는데, 경쟁력 있는 핵심 실력을 뜻한다. 오랫동안 회사를 경영해 본 경험으로는 그런 지위를 얻기란 참으로 어렵다. 대부분 기업에서는 갖기 어려운 지위이다. 하지만 생물계를 들여다보면 모두 나름 코어 컨피던스를 갖고 있다.

니치(niche)란 말을 우리는 '틈새' 정도로 이해하고 있지만 사실은 생태적 지위를 말하며 니치를 확보하려면 코어 컨피던스가 필수이다. 니치는 그 부분에서 1등이라야 하며, 이 말은 자신의 강점으로 승부가 되어야 한다는 뜻이다. 서투른 날기에 집착하기보다 날개를 버리고 빨리 달리는 힘을 확보하는 것이다.

니치를 발견한 No.1만이 살아남는다

니치란 어떤 생물종이 생식하는 범위의 환경을 말하는데, 이는 생태적 지위를 의미하며 생물의 서식지를 뜻하기도 한다. 하나의 니치에는 하나의 생물종만이 서식하며 공존할 수 없기에 니치 확보를 위한 살벌한 싸움이 일어난다. 모든 생물은 니치를 발견한 넘버원(No.1)만이 살아남는다.

자연계의 엄격한 법칙 중 하나는 니치를 발견한 생물만이 존재한다는 사실로, 따라서 니치를 찾으려는 경쟁이 격렬해질 수밖에 없다. 니치는 작을수록 좋다. 싸워서 지면 퇴출이다. 이겨도 대미지가 크기 때문에 되도록 싸우지 않고 겹치지 않도록 비켜 가는 전략이 많이 구사된다.

모든 생물의 조상은 단세포생물인데, 그냥 혼자 그대로 살아가도 되는데 왜 이리 많은 종으로 진화해서 서로 싸워야 하나? 지구상에는 여러 가지 환경이 있으며 그 환경도 격변하니까 어떻게 하면 잘 극복할 수 있을까? 답이 없지만 다양한 옵션을 시험해 보고 준비하는 방향으로 진화해 갔다. 지구상의 180만 종의 생물이 진화의 과정에서 나누어지며 '다름'의 가치를 서로 인정해 왔다.

생태계는 약육강식, 적자생존의 세계이다. 그러나 보기에도 허약해 보이는 생물이 많은 것도 현실이다. 연약해 보이는 나비도, 채송화도 기나긴 세월 동안 살아남았다.

**그렇다면 식물과 동물에 있어서 강하다는 것은
only 1일까? No.1일까?**

생태계에서만큼은 답은 명확하다. 후자. 하지만 1등만이 살아남는다는 생태계에서 많은 생물이 공존하고 있다. 그러나 잘 들여다보면 모두 협소하지만 나름의 니치를 확보한 그곳에서는 1등이 틀림없다. No.1 이 되는 그곳에서는 only one이다. 자세히 들여다보면 각각의 생물들이 1등이라고 하는 곳은 모두 겹치는 곳이 없다는 사실이 중요하다. 조금씩이라도 어긋나고 있다는 것이다.

'니치'라고 하면 비즈니스 세계에서는 틈새시장이라든가 니치마켓이라는 용어를 사용한다. 그것은 큰 시장 사이의 작은 틈새시장을 가리킨다. 하나의 니치에는 하나의 생물종만이 살고 있다. 많은 니치가 모여 생물 다양성이 형성되는 것이다.

식물 세계에서의 니치

식물의 세계는 어떨까? 많은 식물이 숲에서 살고 공동의 같은 자원인 물과 햇빛을 사용하고 있다. 일견 보면 동물처럼 종마다 명확하게 구분되는 틈새 장소를 갖고 있는 것처럼 보이지는 않는다. 하지만 그렇지 않다. 저마다 니치를 갖고 있다. 키 큰 나무 작은 나무 등 각각의 니치를 나누어 갖고 있다. 아무 곳이나 가리지 않는 잡초도 자세히 보면 정해진 곳에서 자라고 꽃이 핀다.

그런데 확보한 니치라고 해도 언제까지나 보장된 곳은 아니다. 그 니치조차도 언제나 뺏고 빼앗기는 싸움이 일어난다. 니치를 지켜 내려면 넘버원만이 살아남는다는 것이다. 니치는 작은 쪽이 지키기에도 유리하지만 가능한 한 많은 종이 나누어 가질 수 있기 때문이며 따라서 많은 종이 생태계에서 공존하고 있다.

약자가 강자에 이길 조건 🌱

영국의 생태학자 존 필립 그라임(John Philip Grime, 1935~2021)은 식물의 성공 전략을 분류하여 CSR 세 가지를 내세웠다.

C: competitive, 경쟁형

경쟁에 강하다. 다른 식물을 압도해서 성공한다. 생태계는 강자가 살아남는 곳이지만, 강하다고 해서 반드시 성공하지는 못한다는 데에 자연계의 오묘함이 있다. 악조건이나 역경을 잘 이용하는 것이다.

S: stress tolerance, 내성형(耐性型)

식물에게 있어 스트레스는 물 부족이나 온도가 내려가는 것 등인데 대표적인 내성형은 선인장이나 고산식물이다. 가혹한 환경을 이겨 낸다. 살아남는 힘은 경쟁력이 아니라 스트레스를 참아 내는 힘이다.

R: ruderal, 적응형

변화에 강하다. 보통은 변화를 두려워한다. 지금의 환경에 잘 적응하고 있기 때문이다. 변화무쌍한 환경에서는 강자가 힘을 발휘하기 어렵기에 반드시 유리하지도 않다. 약자는 변화를 좋아한다.

환경의 격변은 약한 생물이 니치를 확보하기 위한 절호의 기회이다. 안정된 환경에서는 경쟁에 강한 자가 넘버원이 되기 쉽다. 변화무쌍한 불안정한 조건에서는 강자가 반드시 넘버원이 된다는 보장은 없다. 따라서 약하지만 적응력이 강한 자가 넘버원이 될 기회가 많이 생긴다.

포유류의 니치 전략

포유류는 공룡의 몰락 후 나타난 것이 아니라 훨씬 옛날부터 존재해 왔다. 양서류 - 파충류 - 포유류가 등장한 것은 2억 2,500만 년 전(= 공룡의 등장 시기와 일치)이며, 포유류는 공룡과의 전쟁에서 패하여 야행성으로 공룡이 잠자는 밤에 활동하는 방향으로 진화해 갔다. 그 결과, 후각 · 청각 등 오감이 발달하여 민첩하다. 약자로서 알을 지켜 낼 방법이 없어서 궁여지책으로 태생(胎生)이란 전략으로 몸속에서 자식을 키우기로 하였다.

비슷한 생물은 공존이 불가하며 넘버원만이 생존 서식할 수 있다고 하는데, 과연 실제로 그럴까? 아프리카 사바나에는 여러 초식동물이 공존하고 있다. 얼룩말은 초원의 풀을, 기린은 나뭇잎을 먹는다(지면의 풀을 먹지 않는다). 그 외에도 풀을 먹는 것은 누, 사슴도 있지만 모두 먹는 부분이 조금씩은 다르다. 자세히 보면 결국 평화 공존을 위해 적절하게 나누어 지배하고 있는 셈이다.

하나의 의자에는 하나의 종(種)만이 앉을 수 있다. 안타깝게도 지구상에 새로운 니치는 희귀하다. 공룡이 사라진 직후 니치 공석이 많았는데 포유류가 그것을 차지하려고 노력해 왔으며, 당시 포유류는 쥐 정도의 크기였는데 공석을 차지하려고 코뿔소, 소같이 큰 몸집으로 진화하였다.

동물의 커뮤니케이션

인간 이상의 회화 능력을 가진 동물 🍃

　동물도 자기들끼리의 회화가 있다. 동물의 마음이나 사고는 풍부하다. 그저 잘 알려지지 않았을 뿐이다. 그중 동물은 가능한데 인간은 안 되는 것도 산처럼 많다. 박쥐의 초음파 능력이나 침팬지의 인간 이상의 단기 기억력, 그리고 새의 자기 감지 능력 등이 그것이다.

　말을 사용하는 개체 쪽이 말을 사용하지 않는 개체보다 생존율이 높은 결과로, 말에 관한 유전자가 집단 내에 확산되어 있다. 어떤 동물이 어떤 말을 어느 정도 갖고 있는가는 사는 환경에 따라 다르다.

　동물들은 우리의 상상 이상의 고도의 회화를 한다. 동물들의 회화는 번식이나 생존을 위해 진화해 왔으므로 환경에 따라 회화도 변해 왔다. 동물들이 보고 느끼는 이 세상은 인간과는 전연 다르다. 고릴라는 가족이란 유닛(unit)은 없고, 침팬지는 공동체란 유닛이 있다. 개코원숭이는 500마리가 넘는 대집단을 만들어 수컷 하나가 리더가 되고, 보통은 집단에서 이탈하기 어렵다. 약간 인간과 비슷한 일면이 있다.

　개의 인지 능력은 유인원보다는 한 차원 높아서 오히려 인간에 가깝다. 예를 들면 사람이 손가락으로 가리키면 그곳을 향하는데, 그런 센스 있는 동물은 드물다. 이리와 비교도 안 될 정도이다. 개는 선명한 흰 눈을 가진 희귀한 동물이다. 오히려 선조인 이리에게는 없다.

동물이 인간이 생각하는 이상으로 현명하고 복잡한 소통을 한다고 해서 하등의 이상한 일이 아니다. 동물들에게 있어 언어뿐만 아니라 춤이나 노래도 중요한 의사소통 수단의 하나이다. 또 시선, 몸 떨기, 손 떨기 등을 동시에 사용하여 복잡한 메시지를 교환하기도 한다. 영장류의 진화사를 살펴보면, 인간은 음성보다 시각적인 커뮤니케이션에 의존하는 종이다.

박새의 의사소통

한자로 사습작(四拾雀)이라 하는데, 이는 참새 40마리분의 가치가 있다는 의미이다. 박새는 울창한 숲에 사니까 시야가 나쁘므로 소리로 소통하는 수단이 발달하였다.

경계 대상에 따라 대처 방법이 다르다

우리들의 눈에는 소리개나 참매 모두 맹금류이지만, 박새에게는 큰 차이가 있다. 참매는 공격하지만 소리개는 공격하지 않는다. 그래서 참매가 나타나면 우는 소리가 특별해야 하는 것이다.

- 뱀이 오면: 쟈-쟈-
- 뱀이 아주 가까이 다가오는 위기 상황이면: 쟈쟈-쟈쟈쟈
- 매가 오면: 히히히

박새의 말에는 문법이 있다

박새의 언어에는 복수의 말을 조합하는 문법이 있다. 예를 들어 '삐-쓰삐 치치치치'라 하면 '삐-쓰삐'는 '경계하라'는 뜻이고, '치치치치'는 '모이라'는 뜻이다. 박새의 말은 어순이 바뀌지는 않는다.

어린 박새가 먹이를 발견하면 동료를 부르는 소리

디-디-

속임수를 쓰는 박새

박새는 다른 새들과 무리를 지어 사는 데 능수능란하다. 그들은 때로는 큰 새와 섞여 살기도 하는데, 그럴 때는 먹이를 구하는 게 쉽지 않다. 그래서 속임수를 쓴다. 갑자기 "매가 온다." 하고 경계의 소리를 내면 다른 새들은 놀라서 도망가는데, 그 틈에 먹이를 구한다.

영국의 박새 문화

매일 아침 가정에 배달되는 우유병 마개를 열고 위에 떠 있는 유지방분을 먹는다. 이 습관은 단순하게 나타났다 사라지는 것이 아니라 세대를 이어 온 습관이다.

오목눈이의 소통 ✐

동물들은 우는 소리로 소통하고 있다. 오목눈이도 마찬가지다.

- 쥬리리: 모두 가까이에 있으라
- 츄리리리: (참매가 날고 있으니) 조심하라(경계)

침팬지의 커뮤니케이션 ✐

　침팬지는 먹잇감을 발견하면 다른 개체를 부르는 목적으로 '후-토' 하고 큰 소리를 낸다. 그리고 대량의 먹이를 입수했다거나 비가 쏟아지면 '우-호-우-호-'를 합창하며 흥분을 공유한다. 침팬지의 단기 암기 능력은 인간 이상이다.

원숭이의 콘택트 콜 ✐

　원숭이 무리는 질서 유지를 위해 서로서로 '쿠-' 하는 소리를 교환한다. 잘 안 보이는 곳에서 안부를 교환하는 것이다. 콘택트 콜(contact call)인 셈이다. 또 천적만이 아니라 타 개체와의 싸움이 일어났을 때,

매를 발견했을 때 같은 소리를 낸다. 천적의 종류별로 다른 소리를 내지는 않는다.

고릴라 암컷 이야기 🌿

고릴라 암컷에게 아메리카 수어를 가르쳤는데 사람도 외우기 어려운 수준의 무려 2,000단어를 외웠다고 한다. 고릴라는 비교적 조용한 동물이지만 대단한 먹이를 확보했을 때 '우구-무 우구-무' 하고 배로부터 나오는 둔탁한 소리를  내면, 주위에 있던 모두가 함께 소리 지르며 행복해한다.

꿀벌의 진동 언어 🌿

보통 춤추는 모양을 보고 꽃이 있는 방향과 거리를 안다고 하지만, 사실은 깜깜한 집 안에서 복부의 진동으로 위치를 알린다고 한다. 일종의 언어인 셈이다. 다른 벌들은 춤추고 있는 벌의 복부에 촉각을 대고 진동 정보를 얻는다.

7부

산새 탐구

새들에게서 배우다

새의 다양성 🍃

새는 공룡의 자손이다. 1억 6,000만 년 이상 전 공룡 중에 깃털을 가진 것이 나타나 조류로 진화했다. 6,600만 년 전, 운석이 지구에 충돌했을 때 지구에 존재했던 육상생물의 3분의 2가 죽었고 공룡도 함께 멸종했으며 새도 대부분이 멸종했다. 현재 지구상에 11,000종의 조류가 있다.

진화-자연선택과 성선택 🍃

조류가 다양한 것은 오랜 기간 진화를 거듭했기 때문이다. 진화는 개체가 선택됨으로써 전진한다. 야생에서는 병, 기후, 천적 등 생존에의 위협으로 적응력이 떨어지고 개체가 생명을 잃음과 동시에 이성으로부터의 선택도 이루어지며 더 매력적인 형질이 선택된다. 이들 양쪽의 선택으로 개체가 살아남고 어느 개체가 자손을 남기는가가 결정된다. 나아가서 차세대의 형질도 영향받는다.

　이런 과정이 억년이 넘도록 지나면서 지구상에 다양한 모양이 태어났다. 즉, 다윈이 말하는 적자생존으로 진행된다. 따라서 새의 부리와 날개의 모양과 집 짓는 형태 등이 다양하게 나타났다. 성선택은 배우자 선택에 의하여 진행된다. 암컷·수컷이 특정 기준에 따라 선발되는 것이다.

새들에게서 배워야 할 점

　새는 싫으면 떠나고 좋으면 머무는 2진법적인 아주 단순한 생활을 하므로 스트레스가 적고, 그래서 병도 거의 없는 가장 행복한 동물이라고 한다. 집까지도 버리는 무소유의 행복을 누리는 동물이다. 농업혁명과 함께 생긴 저장 강박에 시달리는 인간이 꼭 배워야 할 일이다.

공생하는 새

황로와 코끼리의 공생

　황로는 코끼리를 따라다니며 코끼리를 성가시게 구는 곤충을 잡아먹고 산다. 한편 적이 소리 없이 다가오는 것을 코끼리에게 알려 준다.

흑기러기와 흰올빼미의 공생

흑기러기는 둥지를 흰올빼미 둥지
가까이 지면에 짓는다. 흰올빼미가 여
우의 접근을 막아 주므로 안전을 보장
받는 셈이다.

갈매기와 흑고래의 공생

흑고래가 작을 물고기를 해수면에
쫓아 모으면, 갈매기도 그것을 사냥
한다.

플라밍고의 교훈

보통 새들은 수컷이 어필하지만, 플라밍고는 양쪽 모두 정열적으로
어필한다. 이상의 연인을 찾을 때까지 목을 흔들며 행진한다. 짝사랑
같은 것은 하지 않는다. 적극적으로 리스크를 걸고 어필해야 한다. 세
상에는 생각만으로 해결할 수 없는 게 많다. 좋아하는 감정은 생각보다
먼저 찾아온다.

휘파람새의 교훈 🌱

아름답게 우는 새를 꼽으라면 휘파
람새, 큰유리새, 울새를 말할 수 있
다. 그중 수컷 휘파람새가 봄에 지저
귀는 것은 구애와 영역을 지키려는 목
적이다. 소리가 서투른 어린 새는 큰
수컷의 소리를 흉내 내며 배운다.

연애가 잘 안되는 사람들의 특징이 다른 사람들의 경험을 무시하는
경향이 있다는 점이다. 이러한 사람들이 배워야 할 것이 바로 휘파람새
의 다음과 같은 특징이다.

- 자기 스타일을 전부 버린다.
- 완전히 흉내 낸다.
- 경험을 밟아 보며 정리한다.

물총새에게서 배울 점 🌱

물총새는 구애할 때 물고기를 건넨다. 먹기 좋게 부리를 상대 부리에
맞추고 고기는 바위에 때려 움직이지 않도록 한 후에 준다. 배려 깊은
서프라이즈로 상대의 마음에 큰 울림을 준다. 은근슬쩍 이런 행동을 반
복하여 사랑을 쟁취한다.

쇠박새의 협력하는 지혜

여름까지는 곤충을 가을부터는 열
매를 먹는데 주로 화살나무나 참빗살
나무의 열매를 즐긴다. 월동을 위해
먹이를 나무껍질 속이나 부러진 가지
속에 저장한다.

쇠박새는 다른 종의 새들과 어울려 지내는데, 겨울에는 먹이가 적으
므로 오목눈이나 동박새들과 연합하여 먹이를 발견하면 신호를 보내와
서 먹도록 서로 협력하며, 적을 발견하여도 신호를 주고받으며 안전을
도모한다. 높은 데 또는 낮은 데서 사는 새들과 연합하면 먹이를 찾는
효율도 높아지는데, 이렇게 관계를 오래 지속시키는 것은 '약한 자들끼
리의 연합'이라 할 수 있다.

산새 탐구

때까치의 황태 목장

참새목 때까치과에는 64종이 있다. 특히 때까치아과를 구성하는 때까치속의 25종만을 지칭하기도 한다. 별명은 '백정새'인데, 사실 백정새속이 따로 있으므로 '도살자'로 부르는 게 맞다. '때때때때' 또는 '키치키치'처럼 들리는 울음소리에서 이름을 따왔다. 식물성 식량을 저장하는 새는 많지만, 육식성 식량을 저장하는 새는 희귀하다.

라일락 꽃눈이 뾰족하고 단단한 특징을 잘 살려 수컷 때까치는 수목원의 라일락원에 말벌, 사마귀, 개구리, 장지뱀, 쥐, 메뚜기 등 가리지 않고 잡아다가 뾰족한 부분에 잔인하게 꽂아 둔다. 먹이 꽂이이다. 개구리나 도롱뇽의 피부에 있는 독은 며칠 꽂아 두면 사라진다고 한다. 날카로운 발톱이 없기에 꽂아 둔 것을 잡아당겨 찢어 먹기 위해서란다. 자신의 영역 약 3,000평 내에서는 자신보다 몇 배나 큰 것도 사냥한다.

새끼는 부화 후 14일이면 독립하는데, 부모로부터 하나도 배운 것 없이도 잘도 사냥한다. 꽂아 두는 곳은 암컷이 다니는 길목이다. 어디를 보아도 그렇게 무섭게는 안 생긴 이 작은 새가 이렇게 대규모 황태 목장을 운영하리라고는 상상도 못 할 일이다.

까마귀와 눈이 마주치면 공격당한다 🍃

어떤 원숭이 세계에서는 시선이 마주치는 것은 싸우자는 사인이라고 한다. 미국에서 절대 조심해야 할 일 중 하나가 '시선을 조심하라'이다. 새 공격의 기본은 깨무는 것인데, 까마귀는 특히 강력하다.

플라밍고의 날개가 핑크인 이유 🍃

플라밍고의 날개 색이 핑크인 이 유는 빨간 색소를 머금은 플랑크톤 을 먹기 때문이다. 어린 새끼는 하얗 다. 어미가 새끼에게 캐로티노이드 가 포함된 먹이를 주니까 점점 붉어

진다. 어원은 라틴어 flamma(불꽃), 영어로는 flame. 핑크가 선명할수 록 인기 있다.

새의 특별한 구애 🎵

물오리

물오리의 날개는 확실히 멋지기는
하지만 나는 데도 걷는 데도 방해만
되지 않을까. 멋을 내는 건 좋지만,
뭔가 해야 할 때는 또 다른 뭔가를
희생해야 하는 것 아닌가. 우리도 좋
아하는 사람이 생기면 많은 것을 희생해서라도 어필에 필요하다면 물
불 안 가리지 않는가.

그런데 동물의 세계에서는 너무 눈에 띄면 공격의 대상이 된다. 인
기가 많을수록 안티도 많은 법. 그래서 구애할 때만 멋을 부리고, 보통
때는 수수하게 입어 괜히 눈에 띄어 공격받을 필요가 없다.

학

학은 커플이 되기 전에 궁합이 맞
는지를 알아보기 위해 서로 흉내를
내 보기로 한다. 이유는 흉내는 호감
도를 올리며 관계를 심화시키는 힘
이 있고, 궁합을 확인시키는 힘이 있
기 때문이다. 길게 사귀어 볼 필요도 없이 서로 간의 흉내를 통하여 상
대의 행동, 취미, 패션 등을 신속하게 알 수 있다.

원앙새 탐구 🌿

원앙은 비교적 즉시 이별한다. 새들은 매년 짝을 바꾸니까. 개구리나 곤충을 잡아 나뭇가지에 꿰어 말려 먹는다.

까마귀 탐구 🌿

까마귀 오(烏) 자와 새 조(鳥) 자는 비슷하다. 한 옆줄이 빠진 것만 다르다. 그 옆줄은 상형에서 눈을 가리키는데, 워낙 까만 탓에 눈이 안 보여서 그런 것이다. 그런데 우리나라 사  람들은 까마귀를 유독 싫어하는데, 그 이유를 살펴보면 다음과 같다.

- 너무 커서
- 검정이라서
- 깃털을 비비는 소리가 거슬려서
- 불길한 징조라는 생각에
- 시끄러워 공부에 방해가 됨
- 교활한 이미지여서
- 위에서 공격해서
- 작은 새를 못살게 해서

- 먼지를 뿌려서
- 전래 이야기가 다 나빠서

특색 있는 짓을 하는 새

다른 새의 먹이를 빼앗는다

군함조는 해상의 높은 곳을 선회하면서 물고기를 잡은 새를 공격하여 물고기를 빼앗는다. 그래서 '해적조'라고도 한다.

포획물을 속인다

수변에서 사는 검은댕기해오라기는 낚시처럼 물고기를 속여 유인하여 잡는다. 잎, 곤충 등을 수면에 떨어뜨려 물고기들이 먹이가 떨어진 줄 알고 모여들게 하는 것이다.

적으로부터 숨는다

추운 곳에 사는 뇌조는 계절에 따라 날개 색이 변한다. 겨울에는 눈과 같이 흰색이었다가, 여름에는 바위 색으로 변하면서

배경과 같아 구별을 어렵게 한다.

적을 놀라게 한다

굴뚝새는 얼추 보아서는 수수해 보이지만, 날개를 펴면 화려한 큰 날개에 놀랄 정도로 변한다. 적들도 갑자기 돌변하는 모습에 놀라 도망가고 만다.

새가 나무를 두드리는 이유 🖋

- 영역 선언 번식기가 되면 나무를 두드려 영역 선언을 하고 구애한다.
- 둥지를 만든다.
- 수액을 먹는다.
- 곤충을 잡는다.
- 먹이를 저장한다.

텃새가 되는 철새 🖋

새들은 겨울에 따뜻한 곳을 찾아 떠나는 것 같지만, 아니다. 새는 추위에 강하다. 추운 것 자체가 아니라 배가 고파서 추운 것이다. 그래서 먹이가 풍부하면 철새라는 신분증을 버리고 텃새로 정착한다. 봉선사

천을 좋아하는 백로도 이젠 철새란 신분을 버리고 여기서 겨울을 나는 수가 늘어나고 있다. 백로는 원래도 여기서 새끼를 키우며 사는 기간이 훨씬 길기에 철새보다는 텃새라 부르는 게 맞다. 사람들이 괜히 겨울에 먹이통을 마련해 주는 것은 갸륵한 마음이기는 하지만, 새들에게는 그리 큰 도움은 못 된다.

새의 인기 포인트 🖋

목이 크게 팽창하는 큰군함조
수컷이 구애할 때 목주머니라 불리는 붉은 주머니를 팽창시킨다. 선명한 색에 클수록 인기. 20분 정도 팽창시킬 수 있다.

메추라기 뺨의 선명함
인기 수컷의 선명한 적색 뺨을 볼 수 있다. 번식기가 되면 수컷 눈의 감도가 높아져서 색 구별 능력이 높아지기 때문이다.

우는 소리가 큰 금화조
소리가 크며, 들리는 소리 흉내를 잘 내는 것이 매력 포인트!

높은 곳에 둥지를 짓는 어치
나뭇가지에 잎으로 둥지를 지어 암컷을 부르려 한다. 둥지의 높이가 높을수록 뱀의 침입을 막기 때문에 인기 있다.

갈색얼가니새 다리의 푸르름

갈색얼가니새 수컷은 양다리를 번갈아 들어 올리며 푸르름을 자랑한다. 푸르름은 푸른 물고기를 많이 먹은 덕분으로, 건강을 나타낸다. 그리고 고기를 잘 잡는다는 표시이기도 하다.

새 상식 🍃

가장 많은 새는?

새 60% 이상이 참새과이며, 10,000종 중 6,000종이 참새과라는 사실!

새는 이빨이 없다

주둥이로 그대로 삼켜서 모이주머니라는 식도가 팽창한 기관으로 모은다. 알 속에서 안에서 알을 깨는 데 쓰이는 난치를 갖고 있는 것도 있고, 또 어떤 새는 주둥이가 톱니처럼 생긴 것도 있다.

모래주머니는 위의 일부

새에는 두 개의 위가 있다. 모래주머니에서 운반되어 온 모이는 위액을 분비하는 선위에서 분해되고, 근위에서 잘게 부수어진다. 근위를 통과한 먹이는 장에서 흡수된다.

새가 배설하는 하얀 액체는 오줌 〰️

새의 오줌은 하얀 액체이고, 똥은 검정이나 갈색의 고체이다. 똥과

오줌이 동시에 나오는 경우가 많다.

새의 엉덩이에는 기름을 내는 곳이 있다

대부분 새는 꼬리날개 밑에 기름샘을 갖고 있다. 가끔 부리로 꼬리 털을 쓰다듬는 것은 기름을 칠하는 것이다. 오염을 털어 내는 효과도 있다.

동물의 피를 빠는 새도 있다

칼라파고스핀치는 바다새를 쪼아 피를 빨아 먹는다.

탁란 심화 이야기

다윈이 생각한 탁란의 원인 ✍

조류 전체 9,000종 중 102종(=5개 과), 뻐꾸기 141종 중 59종이 탁란을 한다. 일부 어류, 곤충도 탁란을 한다. 이에 대해 다윈은 탁란의 이유를 다음과 같이 설명했다.

- 포식자를 만나 알을 잃어버릴 위험 회피 목적
- 둥지가 부족하여 궁여지책
- 자신의 둥지가 파괴되었을 때
- 번식 성공률을 높일 목적
- 친족의 둥지 공유

숙주종과 탁란조의 대결 🍃

숙주종의 대책

- 일단 뻐꾸기가 알을 낳으러 오는 것을 필사적으로 막는다.
- 자기 것과 영 다르게 생긴 것은 버린다.

이에 대비한 탁란조의 진화

- 딱새 둥지에는 파란색 알을 탁란한다.
- 개개비둥지에는 녹색점박이 알을 탁란한다.

이런 식으로 쌍방이 치열하게 진화해 왔다. 탁란을 받아들이는 새, 그리고 양부모의 친자식을 밀어내지 않는 새로는 반점뻐꾸기, 갈색머리흑조 등이 있다. 머리로는 남의 자식이란 것을 알면서도 정서적으로는 어떻게든 친자식이라고 믿고 싶은 마음일까?

이러한 미스터리에 관한 진화적 설명

- 탁란이 비교적 최근에 진화한 경우에는 정교한 친자 감별 능력이 아직 없다.
- 비용과 이익을 고려한 적응적 반응.

조류 탁란이 성공할 수 있는 행동 생태적 조건 🖋

- 양부모가 탁란된 새끼를 친자식으로 안다.
- 부모가 추가적인 새끼 수 증가에도 불구하고 자원 공급에 문제없을 경우
- 환경 내 자원이 풍부하여 탁란이 아주 양호한 둥지에만 가끔 일어난다.

물새는 전체 조류의 2%에 불과하지만 탁란을 하는 종류는 25%에 달하는 것은, 물새가 산새보다 비정하다는 증거일까? 아니다. 둥지를 만들 만한 곳이 부족하기 때문이다.

자기 둥지에 아이를 키우는 것보다 다른 새의 둥지에 아이를 맡기는 것이 더 유리하다면, 이는 분명히 살기 좋은 세상은 아닐 것이다. 가히 재난적인 상황이 아닐까? 그러니 대안적 행동이 일어날 법도 한데, 보이지 않는다. 주어진 환경에 따라 선한 본성이 될 수도, 악한 본성이 될 수도 있다고 봐야 할 것이다.

조류 해부

비행 🍃

새는 공중을 날기 위해 계속 진화했다. 비행은 휴식보다 30배의 에너지가 들기 때문에 효율을 높이려고 몸 구조나 행동을 진화시켜 왔다. 무리 지어 V자로 비행하면서 서로 날개 끝에서 발생하는 상승기류를 이용한다. 이를 위해 기류 움직임이나 양력을 민감하게 감지하는 능력이 필요하다. 날개를 움직이지 않고 활강하는 새는 지면으로부터의 상승기류를 이용해서 날개를 움직이지 않고 고도를 높일 수 있다. 대체로 작은 새들은 파상 궤적을 그리며 날지만, 계산상 최고의 효율은 아니다. 하지만 인간이 알지 못하는 이로운 점이 있을 것이다.

비행 결과 진화한 모습

- 체중을 가볍게
- 체형을 유선형으로
- 몸 중심부에 체중이 집중되도록
- 깃털을 가진 것은 날기 위한 필수 불가결 장치(깃털 덕분에 날개

가 가벼워졌다)

- 무거운 턱과 이빨 대신에 가벼운 부리로 대체

비행 관련 새 상식

- 농축된 똥을 배설하므로 체내에 수분이 없다.
- 알을 낳으므로 둥지에서 알이 자랄 때에도 돌아다닐 수 있다.
- 체중에 비해 날개가 큰 새는 양력(揚力)을 얻기 쉽고 쉽게 날 수 있다.
- 호버링(hovering: 제자리에서 정지 비행을 하는 것)이 가능한 새는 벌새뿐이다.
- 성조는 고소공포증이 없다.
- 날개의 모양은 뼈와 깃털의 길이에 따라 정해지며, 비행 스타일과 도 관계있다.

수영 🍃

헤엄치는 새는 몸을 건조하게 유지해야 하는 문제에 봉착했지만, 새는 깃털을 잘 이용하여 이 문제를 해결했다. 수면을 헤엄칠 때 대부분의 새는 물갈퀴를 갖고 있다. 잠수하여 먹이를 찾는 새도 있다. 잠수해 수영할 때 발로 차기도 하지만 날개를 사용하는 새도 있다. 잠수하는 새는 깃털을 압축해서 깃털 사이의 공기를 빼서 부력을 줄인다. 바다오리는 180m 수심까지 잠수하는데, 어떻게 그렇게 할 수 있는지는 아직 알려지지 않고 있다.

걷기 🌿

새가 걸어서 이동하는 방법

지상을 걸어서 이동하는 새와 호핑(hopping)으로 이동하는 새가 있는데, 이유는 불분명하다. 많은 새가 비둘기같이 걸으면서 머리를 전후로 흔드는데, 이는 시계를 고정하기 때문이다. 딱따구리는 꼬리날개로 지탱해서 나무줄기에 매달리고, 동고비는 거꾸로 또는 횡으로 나무를 기어오를 수 있다.

세계 제1의 새

- 최고 속도: 매 390km/h
- 최저 속도 달리기: 타조 40km/h
- 날갯짓 최고 속도: 벌새 70회/초
- 스포츠 만능: 갈매기 = 비행 달리기 수영 가능

깃털 🌿

깃털의 모양을 상상해 보라고 한다면 대부분 옆 그림 같은 모양이 되겠지만, 사실 깃털의 모양과 크기는 각양각색이다. 그렇다면 새에게 있어 깃털의 역할은 무엇일까?

- 날기 위해
- 단열 목적
- 몸 보온
- 젖지 않게
- 체형을 유선형으로
- 색채와 장식을 하여 비행을 도와주는 일

깃털은 정교한 구조로 견고하며 몸의 부위에 따라 다양한 형태로 나타난다. 소리를 내지 않고 비행하도록 도우며, 눈 주위의 깃털은 눈을 보호하는 구조로 되어 있다. 깃털은 비늘이 진화한 것이 아니고, 안에 있는 작은 털이 장기간에 걸쳐 여러 모양으로 진화한 결과물이다.

방수 기능

깃털에 나 있는 많은 가지 깃털의 간격이 일정하며 물이 통과하지 않는다. 그래서 표면의 물을 털어 내기만 하면 된다. 물새의 가지 깃털이 육지 새보다 더 촘촘하고 견고하다. 오리 같은 물새가 물에 떠 있을 때 밑 부분은 방수 상태이다. 올빼미의 깃털은 다른 새에 비하여 물을 튀겨 내는 힘이 약하여 물에 젖지 않을 정도만 겨우 유지한다.

단열 기능

집오리의 다운은 천연이건 인공이건 훌륭한 단열재이다.

깃털은 추위나 더위 모두 차단한다.

비행 기능

날개와 큰 깃털이 넓게 펴지면서 평면을 형성하여 비행할 수 있으며, 날개의 깃털은 세밀한 구조와 유연성을 구비하고 있다.

장식 기능

깃털은 진화함에 따라 다양한 색과 모양이 생겼고 또 우각(羽角)이나 관우(冠羽)같이 입체적인 장식도 발달시켰다. 일부 올빼미의 귀 또는 우각은 깃털 방에서 생겼고, 전시 효과나 위장 효과가 있다. 어치의 관우는 깃털에서 생겼고, 마음대로 일으켰다 눕혔다 할 수 있다.

깃털의 수

몸 크기에 따라 다르고 방수성의 필요 여하에 따라 다르다. 작은 참새목의 깃털은 평균 2,000개 정도이며, 여름엔 적고 겨울엔 늘어난다. 보다 큰 까마귀는 깃털 크기가 크지만 수는 많지 않다. 물새의 깃털 수는 육상 새의 깃털 수보다 많다. 백조의 긴 목은 깃털로 빽빽하게 덮여 있는데 목에만 20,000개나 나 있다.

깃털 손질

깃털 손질에 많은 공을 들인다. 몸 깃털은 부리로 머리 깃털은 발톱을 쓴다. 오염을 닦아 내고 기생 생물들을 털어 낸다. 하루 최소 10% 시간을 깃털 손질에 쓴다. 깃털이 중요하기에 부리의 모양도 손질을 효율적으로 하도록 진화했다.

때로는 종(種)에 따라서는 서로서로 머리 깃털을 손질해 주기도 한다. 새가 자주 물을 끼얹는 것은 깃털 상태를 회복시키는 목적이다. 그러나 일상적으로 모래를 끼얹는 이유는 불명하다. 일광욕과 의욕(蟻浴: 개미 목욕)은 구분이 어렵다. 일광욕은 깃털 손질이 목적이다.

깃털 갈기(換羽)

사용하면서 줄어들기에 정기적으로 갈아 주어야 한다. 보통은 1년에 1회 시행한다. 깃털은 생명에 직결되므로 천천히 환우(換羽)가 진행되도록 진화했다.

계절이나 연령, 호르몬에 따라 모양이나 색이 다른 것이 나올 수도 있다. 종에 따라서는 의도적으로 색을 바꾸는 것도 있는데, 이 경우에는 연 2회 갈아 준다. 비번식기에는 거무스레한 색, 봄부터 여름까지의 번식기에는 선명한 색이 난다.

멜라닌 색소의 검정은 잔 깃털의 밀도에 의해서 농도가 달라진다. 멜라닌 색소는 발색뿐만이 아니라 깃털의 내구성에도 좋다. 날개의 끝이 진한 색의 종은 크게 보이고 마모가 쉬운 끝부분을 보강하는 의미도 있다.

멜라닌 색소는 알을 견고하게 하고 칼슘양을 줄이는 효과도 있다. 겨울이 되면 검어지는 새는 딱딱해진 먹이로부터 부리를 보호하기 위함이다. 또 멜라닌은 깃털을 세균으로부터 보호하기도 하는데, 이 효과는 습기가 많은 곳에서 특히 중요하다.

멜라닌이 적거나 아예 없는 깃털이 나는 이유는 여러 가지이다. 깃털에서 멜라닌이 감소하거나 없어지면 보통보다 색이 엷어지고 하얀 반점이 나타나 몸 전체가 하얗게 된다.

구조색

깃털은 색소가 아닌 구조에 의하여 발색하는 구조색이 많다. 구조색은 깃털의 미세한 구조와 광파의 상호 작용에 따라 특정 파장만이 반사하여 생긴다. 수면에 떠 있는 기름이 여러 색을 비추고 있는 것도 구조색이다. 기름과 물에는 거의 색소가 없지만 수면에 얇게 퍼져 있는 기름막이 광파와의 상호 작용으로 여러 색이 생긴다.

벌새의 선명한 보석 같은 색은 깃털의 구조색이다. 벌새 수컷의 가슴 깃털은 특히 정교한 구조로 되어 있어서 빛의 반사에 따라서 한 가지 색이 강조되고 또 한 방향으로 반사되기도 한다. 깃털에 파란 색소는 존재하지 않는다. 푸른빛은 전(全) 방향으로 반사하는 구조색이다.

깃털의 배색(配色)

깃털의 배색은 많은 기능을 하므로 다양하게 진화되었다. 멋진 배색은 이성을 위해, 복잡한 배색은 위장을 위함이다. 대담하고 확실한 모양은 적이나 먹이를 위협하기 위함이다.

한 장의 깃털에 놀라울 정도의 복잡한 모양이 있는 때도 있는데, 그것은 출생 시에 생긴 것이다. 검거나 차(茶)색은 멜라닌, 노랑이나 붉은 것은 카로티노이드 색소이다. 배에 있는 하얀색은 적이나 포식자를 위협하는 데 도움이 된다. 얼굴을 닮은 모양이 몸에 있는 새가 많은데, 이는 천적을 속이기 위함이다.

조류의 변이 🌱

새의 색과 모양은 종에 따라 다양하지만, 연령과 성별에 따라 일관된다.

성조(成鳥) 수컷끼리는 닮아 있고 종에 따라서는 암컷과는 전연 다르다.

암컷과 수컷의 다른 점

보기에는 다른 점이 없는 종도 많으나 행동을 잘 보면 구별할 수 있다.

암수가 외견상 크게 다른 종도 있는데 그것은 성적이형(性的二形)이라고 한다. 거의 모든 종의 경우 암수의 크기는 비슷하지만, 암컷이 조금 크다. 하지만 매, 올빼미, 벌새의 경우는 수컷이 크다. 이유는 불분명.

연령과 계절에 따라 다르기도 하다. 유조와 성조의 깃털 색이 다른 경우가 많지만, 몸 크기는 비슷하다. 이소 때에 이미 성조와 비슷한 크기, 부화 후 1개월이든 10살이든 암수 모두 크기는 비슷하다. 새는 구애 시에 가장 선명한 색을 보이고, 비번식기에 거무스름한 색이다.

유조는 1년 내내 거무스름한 색이다. 까마귀의 유조는 날개와 깃털의 질감과 색이 성조와 구별된다. 종에 따라서는 연 2회 깃털을 바꾸며 계절에 따라서 극적으로 모습을 바꾼다. 종에 따라서는 암수, 성조와 유조의 날아가는 습성, 월동지 장소가 다르다.

조류의 개체군은 새로 닥치는 역경을 극복해 가며 진화했다. 그 과정에서 지역적 특수성에 따라 동종으로부터 갈라져 나왔다. 새들끼리는 모르겠지만, 인간의 시각으로는 변종으로 분류된다. 새로운 종은 진화의 결과로 일상적으로 태어난다. 지역적 변이는 기후와 관계가 깊다. 부리 모양은 채식 습성의 변화에 따라 급속하게 진화한다.

새의 감각 🌿

새는 인간처럼 주로 시각과 청각에 의해 세계를 보고 있다. 인간보다 우수한 시각, 청각, 후각, 취각, 촉각을 갖고 있고 거기다가 지자기(地磁氣)를 감지하는 능력이 있다.

시각

일반적으로 인간보다 좋은 시각을 갖고 있다. 자외선을 포함하여 인간보다 넓은 파장을 볼 수 있다. 한 번에 360도를 볼 수도 있다. 복수의 지점에 동시에 초점을 맞출 수도 있다. 인간의 눈보다 높은 해상도를 갖고 있는 새도 있고, 야간에도 볼 수 있는 새도 있다. 이런 능력은 종에 따라 큰 차이가 난다.

색각

독수리의 해상도는 인간의 5배, 인간보다 16배의 색채 인식 능력을 갖추고 있으며 자외선을 볼 수 있다.

야간의 시력

올빼미는 야간 활동을 하는 데 우수한 청력을 갖고 있지만 사냥할 때 주로 시각을 쓴다. 색각은 약하다. 비교적 큰 눈을 갖고 있는 새는 조금 어두운 곳에서도 잘 본다.

시야

인간의 눈은 정면의 하나에만 초점을 맞출 수 있지만, 새의 눈은 떨어진 여러 가지를 상세하게 볼 수 있다. 수평 360도, 수직 방향 180도를 동시에 보는 새도 많다. 특히 수평 방향은 폭넓게 상세히 볼 수 있다. 독수리는 각 2개씩 도합 4개의 초점을 갖고 있다.

새는 특히 옆 방향으로 잘 보지만 상하를 볼 때는 머리를 돌려야 한다. 전방은 잘 보이지만 후방이 잘 안 보이는 새는 자주 고개를 돌린다. 올빼미가 고개를 270도 이상 돌릴 수 있는 이유도 후방에 약하기 때문이다.

시각 정보 처리

새는 인간보다 시각 정보 처리가 빠른데, 이는 먹이를 쫓거나 고속비행이 필요할 때 필요한 기능이다.

수중(水中) 시력

공중이나 수중 모두 볼 필요가 있는 새는 수시로 수정체를 변형시키는 능력이 있다. 야간 수중이나 빛이 닿지 않는 심해에서 고기를 잡는 새는 어떻게 잡을 수 있는지 아직 그 원리가 밝혀지지 않고 있다. 백로류는 빛의 굴절률을 계산하여 정확히 물속 고기를 사냥한다.

기타 시각적 적응

새는 걸을 때 머리를 앞뒤로 흔드는 것으로 시야를 안정시킨다. 새는 대상물로부터 눈을 떼지 않기 위해 머리 위치를 고정하는 호버링 능력이 있다. 또한 새는 눈꺼풀과는 별도로 눈을 보호하려는 순막(瞬膜)이라는 막이 있다.

청각

새의 귀는 눈 뒤쪽 아래에 있는 작은 구멍으로 깃털이 덮고 있다. 귀 주변에는 소리를 수집하려는 특별한 깃털 다발이 나 있다. 대체로 인간보다 우수한 청각 능력과 정보 처리 능력을 갖고 있지만 가청 주파수는 인간보다 좁다. 주변의 소리에 집중하려고 자신의 소리를 죽이는 종도 있다.

가면올빼미는 청각만으로 밤중에 쥐를 잡는다. 좌우의 귀의 위치가 다르고 구조도 특수하여 소리의 출처를 정확히 파악할 수 있기 때문이다.

큰 소리로 우는 새는 자기 귀를 상처 낼 우려가 있지만 잘 적응해 왔다. 대부분 새의 귀의 표면은 귀털에 의해서 유선형 모양을 하고 있다. 비행 중의 강풍 속에서도 주위 소리를 들을 수 있는 이유이다. 올빼미의 경우, 깃털이 부드럽고 특수하게 진화되어 자신의 비행 소리를 지워 버린다.

미각

새는 부리의 안쪽 끝 가까이까지 존재하는 미뢰(味蕾)로 맛을 감별한다.

후각

대체로 인간과 비슷한 후각을 갖고 있으며, 일부는 아주 예민한 것도 있다. 가족과 이웃, 암수, 천적의 냄새와 벌레가 모여드는 식물의 냄새를 알아내는 새도 많다. 최근의 연구에 의하면, 새는 모든 종류의 냄새를 이용하여 행동하는 것으로 나타났다.

촉각

부리의 끝에 신경 끝부분이 몰려 있어 예리한 촉각을 갖고 있는 새도 많다. 촉각만으로 먹이를 낚아채는 새도 있을 정도이다.

도요새는 부리 끝에 예민한 촉각이 있어서 진흙에 부리를 박고 작은 압력 변화를 감지하여 주위의 먹이를 찾아낸다. 깃털의 뿌리에 나 있는 실모양의 털에 의하여 각깃털의 움직임을 감지하는 것이다.

그 외의 감각

새는 평형감각이 우수하다. 다리가 두 개밖에 없고, 하나의 다리로만 잠자는 것도 많다. 평상시 균형을 잡는 훈련이 잘되어 있다. 새는 내이(內耳)에 평형감각 센서가 있고 골반 속에도 센서가 있어서 우수한 평형감각을 보인다. 그래서 작은 가지 위에서도 균형을 잡고 한 다리로도 균형을 잘 잡는다.

새는 자기장을 감지할 수 있고 기압의 변화도 감지한다. 시간 감각도 우수하여 태양의 움직임을 보고 시간을 감지한다.

새의 뇌 🖋

지능

새는 동물들 가운데 지능이 높은 것으로 알려져 있다. 그중 올빼미는 낮은 편이고, 까마귀와 비둘기는 지능이 아주 높다. 새는 인간을 구별하는데, 어치는 다른 어치의 행동 의도를 간파한다고 한다. 먹이를 감추는 새 중에는 수천 곳을 기억하는 것도 있다. 또한 인간처럼 새도 무리 지어 문제를 해결할 수 있다.

수면

한쪽 눈을 뜬 채 자므로 뇌의 반쪽을 쉬게 할 수 있다
겨울 동안 계속 날아갈 수 있는 것은 날면서 잘 수 있기 때문이다.

생리 기능 🖋

골격과 근육

새의 골격은 비행을 위해, 더욱 강인하고 단순한 방향으로 극적으로 진화했는데 같은 크기의 포유류의 뼈보다 가볍지는 않다. 이러한 골격

덕분에 한 다리로 쉽게 설 수 있는 것이다.

새 목의 유연성은 뇌에 혈액을 보내는 동맥의 영향이다. 딱따구리는 부리와 두 골의 적응으로 뇌진탕을 일으키지 않는다.

새가 나무에서 잘 때는 자동으로 나무를 붙잡고 있는 것이 아니라, 몸의 균형을 잘 잡고 있을 뿐이다.

순환계

새의 심장은 비교적 크고 맥박은 아주 빠르다. 작은 새의 심박 수는 인간의 10배 이상이다.

호흡기계

인간과는 완전히 다르며 매우 효율적이다. 새의 폐는 신축성이 없다. 폐의 공기를 컨트롤하여 숨을 들이쉴 때나 내쉴 때 일정한 방향으로부터 폐에 신선한 공기를 보내 준다. 새는 숨의 끊어짐 없이 에베레스트를 넘는다. 헐떡이는 경우는 체온이 너무 올라가는 경우만이다. 날면서 우는 것은 어려운 작업이지만, 이 효율적인 호흡 덕분에 가능하다.

이동

종에 따라 평생 100m 사방 안에서 사는 새도 있지만, 또 매년 지구의 끝에서 끝까지 건너는 새도 있다. 일반적으로 겨울이 되면 남하하는 것으로 알려졌지만, 단순히 여름 거주지에서 겨울 거주지로 이동하거나 남북으로 이동하는 새는 비교적 적다.

이동의 전략, 경로, 거리, 타이밍은 종 내에서도 종간에서도 여러 가지이다. 조류는 종에 따라서 신체적 능력이나 먹이, 수자원, 숨을 곳등을 고려하여 특유의 이동 스케줄을 진화시켜 왔다. 이들은 수천 년의기후나 생태계 변화에 맞추어 이동하는 생리적 반응을 변화시켜 왔다.모든 새가 이동하는 것은 아니다. 약 19%만이 이동한다. 이동해서 얻는 먹이와 들이는 경비를 상쇄시킨다.

모든 새는 이동하는 것을 생존 전략으로 삼았다가 버렸다가를 반복해 왔을 가능성이 있다. 열대지방에 사는 많은 새는 이동하는 것을 해온 선조로부터 진화했다. 이동을 유연하게 변경하는 종이 많다. 천적이나 먹이 상황에 따라서 이동을 당겼다가 늦추기도 하고, 때에 따라서는 역방향으로 날아가기도 한다.

아메리카의 오리와 기러기에는 여름 끝 무렵에 번식지를 향해 여행을 떠나고 1,600㎞ 이상 북쪽의 환우지(換羽地)를 향하는 새도 많고,가을에 환우가 끝나면 남쪽 월동지를 향해 건넌다. 남북 방향만이 아니고 동서 방향으로의 이동도 많다. 또 유목민처럼 환경 조건이 맞으면번식하고 먹이가 줄면 이동하는 새도 많다.

특별한 이동

참새같이 작은 새는 야간에 이동한다. 작은 새는 새벽에 미지의 땅에도착하면 토박이 새들 무리를 쫓아가며 물이나 먹이 있는 곳을 찾아내고 위험 요소도 파악한다. 그런가 하면, 여름과 겨울에 각각 작은 영역을 정해 놓고 매년 같은 장소를 왔다 갔다 하는 새도 있다. 아메리카에서 둥지를 트는 새는 아메리카새라고 알기 쉬운데 그 태반이 반년 이상을 열대지방에서 산다. 북극제비갈매기는 남극에서 북극, 북극에서 남극으로 매년 96,000㎞를 이동한다.

항법

새는 별이나 태양의 움직임과 위치, 초저주파음, 냄새 등을 이용해서 자신의 위치를 알고 항로를 결정하여 이동한다. 새는 지자기(地磁氣)나 편광(偏光)을 감지할 수 있는 등 항로 결정을 위한 정보 수집 능력이 있다. 지자기 감지 능력은 장거리 항로 결정에는 물론, 자신의 영역 내에 저장해 둔 먹이를 찾는 데도 도움이 된다.

운반자로서의 새

자신의 번식 콜로니에 넓은 지역으로부터 먹이를 운반함으로써 영양분의 집중을 초래한다. 과실을 먹고 멀게는 수백 킬로미터를 이동한 후 배변함으로써 식물 종자의 디아스포라 효과를 초래한다. 연어는 바다에서 숲으로 영양분을 운반하여 식물의 비료 역할도 하고 자신도 덕을 본다.

먹이 채취

새는 신진대사가 활발하여 체온이 높아서 다량의 에너지가 필요하고 따라서 먹이도 다량이 필요하다. 하루 반 이상을 먹이를 찾고 처리하고 먹는 데 소비한다. 새는 매일 밤 동안 체중의 10%를 잃는다.

채식(採食) 방법

매우 다양하게 진화시켰다. 대부분 새는 먹이를 시각으로 찾지만, 종에 따라서는 후각, 촉각, 미각, 청각에 의하기도 한다.

먹이를 찾는 연구

메추리는 닭처럼 한쪽 다리로 지면을 긁어서 먹이를 꺼낸다. 참새류 중에는 양발로 동시에 지면을 긁어서 먹이를 파내는 것도 있다. 긴 꼬리를 먼지떨이처럼 사용해서 숨은 곳으로부터 쫓아내서 잡는다.

먹이를 얻는 데 도움이 되는 적응

- 일상적으로 다른 새들로부터 먹이를 빼앗는 새도 있다.
- 바다에서 물고기를 잡을 때에 수직으로 물속에 날아 들어가는 기술을 사용하는 새도 있다.
- 일부 매는 진화로 공중에서 민첩하게 움직이는 기술과 긴 다리를 사용해서 공중에서 작은 새를 잡는다.
- 벌새와 꽃은 공진화해 왔다. 꽃은 곤충보다는 벌새에 맞게 진화했고 벌새는 꽃의 모양에 맞게 진화했다.
- 수중에 잠수해서 먹이를 잡는 새는 많다. 오리 중에는 머리만 수중에 넣어 먹이를 잡는다.

먹이의 질

새는 먹이의 영양가를 세밀하게 알고 있으며 가능한 한 고품질을 찾아 나선다. 늘 정원에 놓아둔 먹이를 먹으러 오는 새도 적어도 50%는 자연 속에서 찾는다. 또 갈매기는 자신이 먹을 것을 위해서는 쓰레기장을 뒤지기도 하지만 새끼가 먹을 것은 언제나 신선한 물고기에 한정한다.

새는 장단점을 예리하게 알아차려 먹이를 채집한다. 정원에 놓아둔 먹이를 그 자리에서 먹지 않고 별도로 마련한 장소에 가져가서 먹는 새도 있다. 먹이 선정은 매우 신중하다. 또 도토리를 먹는 새는 단백질이 부족하므로 별도로 보충한다.

먹이 저장

대부분 새는 먹이를 찾으면 저장하지 않고 먹지만, 별도로 저장하는 새도 있다. 도토리를 먹는 딱따구리는 몇천 개를 저장한다. 어치는 저장 장소를 비밀스럽게 겨울 식량을 저장한다. 아메리카쇠박새는 겨울용으로 마리당 최대 8만 개를 저장한다. 저장 장소뿐 아니라 먹이의 품질도 기억한다.

음수(飮水)

새는 대체로 하루에 자기 체중 정도로 물을 마시지만, 하나도 마시지 못해도 살아가는 데는 지장이 없다. 기온이 높은 건조 지역에 사는 새는 소량의 물로 살도록 진화했다.

일부 새는 신장과 같은 기능을 하는 전두부에 염류선을 갖고 있어서 필요에 따라 맑은 물이나 소금물을 어느 것이나 마실 수 있다. 몸 안에 수분이 없어야 잘 날 수 있으므로 새의 오줌은 수분이 없는 하얀 덩어리로 배설한다.

먹이의 취급

손과 이빨이 없으므로 현명한 방법을 체득하고 있다. 먹이를 먹을 때 부리로 부수어서 먹는다. 새는 아주 큰 먹이도 먹는다. 백로는 자기 체중보다 15% 이상의 물고기도 삼킨다.

각 기관 🌿

부리

먹이를 취급할 때 제일 먼저 사용하는 중요한 기관으로, 각종 채식 생태에 맞추어 다양하게 진화했다. 그들이 어떻게 채식 생태에 적응하고 있는가를 알 수 있다.

- 거의 모든 새는 부리로만 먹이를 부순다. 부리 가운데 가벼운 뼈가 있다.
- 유연하게 움직이는 부리를 가진 새도 있다.
- 긴 부리를 가진 새는 부리를 구부려서 끝부분만을 열도록 하는 새도 있다.
- 부리의 모양은 채식 행동의 변화에 영향을 받아서 신속하게 진화

한다.

- 딱딱한 씨를 깨는 새는 강한 턱 근육이 필요하다. 강한 턱과 강인한 부리가 필수이다.
- 부리로 도토리를 깨는 어치는 아래 부리가 강하게 진화했다.
- 백로같이 가늘고 긴 부리를 가진 새는 부리 끝만을 사용한다.
- 펠리컨은 큰 부리와 신축성 있는 주머니를 사용해서 먹이를 삼킨다.
- 도요새류는 물 표면장력을 이용해서 먹이를 입까지 나를 수 있다.

혀

새의 혀를 보기는 어렵지만, 대단히 중요하게 여러 형태로 진화되었다. 부리로 잡은 먹이를 혀로 돌리는 새가 많다. 벌새의 혀는 체액을 부리로 배달하는 역할을 한다. 딱따구리의 혀는 아주 길고 유연하고 점액성이 있어서 나무껍질 속에 넣어 벌레를 잡는다. 혀를 사용하지 않을 때는 감아서 후두부에서 전두부에 보관한다.

다리

거의 모든 새는 먹이를 다듬는 데에 다리는 사용하지 않는다. 다리로 적극적으로 먹이를 잡는 것은 앵무새뿐이다. 흰머리수리 같은 맹금류는 큰 발톱으로 먹이를 누르고 부리로 찢어 먹는다.

소화기관

새가 음식물을 대량으로 도로 토해 내는 것은 보통이다. 소낭은 소화관 입구 가까이에 있는 먹이를 모으는 곳이다. 근위는 강력한 근육으로 되어 있어서 먹이를 부술 수 있다. 근위의 역할을 돕기 위해 모래 같은 것을 먹는 새도 많다. 조개를 통째로 삼켜 근위에서 부수어 소화하는 새도 있다.

콘도르 장내에는 거의 모든 동물에게 해가 되는 세균이 있어서 부패한 고기를 소화시킬 수 있다. 소화가 안 되는 부분은 토해 내는 새도 있다. 새똥은 수분이 아주 적어 하얗거나 검정으로 나누어진다.

새의 일생

사회 행동 🌿

모든 새는 복잡한 사회생활을 하고 있다. 주로 시각과 음성을 통해 소통하고 있으므로 멀리서도 개체 간의 서로의 관계를 관찰할 수 있다. 개중에는 무리 지어 행동하고 영역 내에서 번식하는 등 사회성이 강한 종도 있다. 반대로 단독으로 행동하고 육추기(育雛機)에는 배우자만 교류하는 종도 있다.

경쟁과 협력

새들은 충분한 먹이가 있는 영역 확보에 최선을 다한다. 입수한 먹이 자원을 지켜 내야 하지만 때로는 무리를 지어 상호 도와야 할 때도 있다. 자기 몸을 크게 보여 상대를 위협하기도 한다.

딱따구리가 도토리를 저장할 때처럼 단독보다 소집단으로 하는 것이 유리하다. 까마귀는 복잡한 사회생활을 잘 영위하므로 양친 자식 형제 모두 함께 살며 협력해 나간다. 서로 깃털 관리를 도와주기도 한다.

구애 행동

많은 새는 시간을 들여 음성과 시각적인 쇼를 보이며 구애한다. 학은 확실한 사회성을 보이는 새로, 춤을 추며 구애한다. 어떤 새는 어려운 비행술을 보이기도 하고, 먹이를 선물로 주기도 한다. 꼬리 깃털을 펼쳐서 구애하는 새도 있다. 평상시는 감추었던 화려한 색을 펼쳐 보이며 노래한다. 많은 새는 생애 같은 상대를 사귀지만, 작은 새들은 내년에 만날 가능성이 적다.

음성과 전시

새가 지저귀는 것은 배우자 후보나 라이벌에 대해서 자신을 과시하기 위함이며 또 자신의 영역을 알려 주기 위함이기도 하다. 새는 지저귀는 연습을 한다. 듣는 쪽이 이성인지 라이벌인지에 따라 다르다. 낮의 길이가 변하면서 호르몬이 변화해서 지저귀기 시작한다. 새의 지저귐은 정교하고 체조 연기처럼 강약과 스피드의 정확성을 갖고 있다.

참새는 출생부터 지저귄다. 어떤 새는 200종류 이상의 지저귀는 레퍼토리가 있고, 또 50개의 구절을 노래하기도 한다. 일부 새의 지저귐에는 인간의 음정의 2~3배 음이 섞여 있다. 메시지를 보다 넓게 전하기 위해 조용한 밤에 지저귀는 새도 있다. 광범위하게 지저귐이 도달하면서 시각적으로 과시하며 날면서 지저귀는 새도 있다.

소리 이외의 음을 쓰는 새

일부 도요새는 전시용으로 변형된 특수깃털을 갖고 (지저귀는 대신에) 그 깃털로 소리를 낸다. 날 때 날개를 치는 것에 의해서 피리 소리 같은 음을 낸다. 딱따구리는 지저귀는 대신에 드럼을 친다. 화려한 전시용 비행을 하면서 날개로 소리를 내는 새도 있다.

번식 🌿

번식 생태

새 생활의 중심은 번식이다. 배우자를 찾고 영역을 정하여 둥지를 틀고 산란·포란하고 육추를 하며 위험을 막는다. 이를 위해 작은 새는 1개월, 큰 새는 4~6개월에서 길게는 1년을 바친다.

영역

대부분은 번식기에 먹이나 물, 좋은 곳에 둥지를 틀고 그 속에서 산다. 새 중에는 1년 내내 자기 영역에서 사는 새도 있다. 대부분의 이동하는 새는 자신이 태어난 곳 가까이에 작은 영역을 만들고 매년 여름 같은 영역에 돌아온다. 영역을 지키기 위해 침입자와 싸우기도 한다.

둥지 운영

구애 후에 배우자를 얻어서 영역을 정하고 육추를 한다. 여러 가지의 육추 전략을 진화시켜 왔다.

둥지 운영의 시기

• 먹이가 풍부한 때 곤충이 많을 봄이나 초여름을 택한다.

- 참새는 과일이 제일 많을 때를 고른다.
- 많은 새는 둥지 기간이 짧으나 비둘기는 1년 내내이다.
- 온난화로 둥지 기간을 앞당기고 있다
- 1년에 2회 둥지를 트는 새도 있다.

둥지 틀기

놀라울 정도로 큰 둥지를 트는가 하면 아예 안 만드는 새도 있고, 스스로 육추를 하지 않는 새도 있다. 짧게는 4~5일, 길게는 50일 걸린다. 진흙을 사용하기도 하고 둥지의 모양은 종에 따라 다르다. 두 종류의 둥지를 트는 새도 있다. 더위나 추위로부터 지켜야 하기 때문이다. 그런가 하면, 둥지를 만들지 않고 지표 후미진 데 알을 낳기도 한다.

둥지 방어

평상시 얌전한 새도 둥지 방어를 위해서는 공격적이 된다. 집단으로 둥지를 운영하면서 집단으로 감시하고 방어하는 이점을 살리는 새도 많다.

알과 성장 🌿

산란

산란은 고경비 투자이다. 알 한 개의 무게는 큰 것은 암컷 체중의 12%. 하루 한 개씩 여러 날에 걸쳐 낳는 새도 있다. 알껍데기를 위해서는 대량의 칼슘을 섭취해야 한다. 이를 위해 떨어진 페인트를 먹는 새도 있다. 농약 피해로 새의 대사를 방해해서 알의 껍데기가 얇아져서 부화가 어렵게 되는 경우도 왕왕 있다.

참새목은 한 번에 4개를 낳는데, 그 정도는 양친이 충분히 먹이를 구할 수 있다. 오리같이 조성성(早成性) 새는 부화한 단계에서 참새목 같은 만성성(晚成性) 새보다 새끼 성장이 빠르고 먹이를 자력으로 찾을 수 있기에 참새보다 많은 알을 낳는다. 청둥오리는 한 번에 10개 이상 낳는다. 한 번에 한 개 낳는 새도 있고, 통상은 2~3개 낳는다.

포란을 시작하기 전 산란 단계에서 새는 둥지를 지키지 않는다. 암컷은 1~2일에 한 번 둥지에 돌아와서 한 개씩 낳는다.

양친의 역할

엄마와 아빠의 역할이 종에 따라 매우 다르다. 대체로 엄마가 아빠보다 많이 돌본다. 암수가 외견상 비슷한 새는 일반적으로 암수가 비슷한 비중으로 돌본다.

- 이동하는 새는 엄마가 둥지를 지키며 육추에 더 신경 쓴다.
- 갈매기의 경우 거의가 수컷이 둥지를 짓고 운영한다.
- 꿀벌과 집단 구애장에서 구애하는 종을 포함해서 수컷은 둥지를 짓고 육추하는 데는 전연 모르는 체한다.
- 농병아리의 양친은 좀 다른 방법으로 육추나 둥지 일을 분담한다.
- 까마귀의 경우, 같은 양친으로부터 태어난 1~2살짜리 어린아이들이 육추를 돕는다.

알 품기 ⌒⌒⌒

부모 새가 알 위에서 앉아서 온도를 지키며 알을 품는다. 포란을 시작하면 알 속에 있는 배(胚)가 성장한다. 온도에 민감하여 부모 새는 매일 최장 23시간 품고 있다.

많은 새는 산란 직후 알 품기를 시작하므로 모든 알이 동시에 부화한다. 종에 따라서는 최초의 알을 낳은 때부터 포란하므로 낳은 순서대로 부화한다. 포란 시간은 일반적으로 조성성보다 만성성이 길다.

부화 수일 전부터 알 속의 새끼가 울어서 부모와 소통한다. 알 속의 새끼들은 빨리 부화하려고 경쟁을 한다. 청둥오리는 암컷이 포란하고 부화까지 4주 걸린다. 새에게는 포란 중이 가장 위험한 때이다.

새끼의 성장

조성성 새끼는 깃털이 다 난 상태로 부화한다. 눈도 뜨고 먹이를 구하는 방법이나 위험을 피하는 방법을 본능적으로 체득하고 있다. 자력으로 먹이를 찾을 수 있으며, 최초 1주간은 양친에게 몸을 따뜻하게 보호받는다.

만성성은 털 없이 부화하며, 자력으로 아무것도 할 수 없고 장기간 부모의 보살핌이 필요하다. 조성성과 만성성은 모두 장단점이 있고 이점을 고려하여 중간 형태를 띠는 새도 있다.

부모는 자기가 먹을 것에 대해서는 그리 까다롭지 않지만, 새끼에게 먹일 먹이는 영양분을 고려한 천연의 것으로 예민하게 고른다. 부모가 새끼에게 줄 먹이를 가져올 때 가까우면 부리 속에서 나르고, 멀면 먹이주머니에 넣어 가지고 와서 토해 내서 준다.

둥지에 있을 때 새끼의 똥은 똥주머니에 들어간 상태로 배설하는 방향으로 진화했다.

이소와 독립 🌿

이소

새끼가 이소까지 걸리는 시간은 종마다 다르다. 조성성은 날기 훨씬 이전 부화 후 불과 몇 시간 안에 이소한다. 만성성은 부화 후에 날 수 있을 때까지 완전히 부모에 의존하여 수 주간 후에 이소한다.

빨리 이소하기 위해 비교적 질이 낮은 깃털이 나서 이소한다. 이소 후 수 주간 성조처럼 탄탄한 깃털로 바꾼다. 인간이 걷는 법을 가르치지 않는 것처럼 새도 나는 법을 가르치지 않는다. 단지 몸을 움직이는 방법을 기억할 뿐이다.

이소 후의 독립

거의 모든 새는 이소 후에도 수일에서 수 주간 부모에게서 먹이를 도움받고 위험으로부터도 보호받는다. 참새목도 이소 후 약 2주간 부모의 보호를 받는다. 대체로 몸집이 큰 새들은 이소 후에도 짧게는 8주간 길게는 6개월간 둥지 부근에서 생활하며 부모의 도움을 받는다. 오리 같은 조성성은 부모로부터 먹이를 받지 않는다.

거의 모든 종의 새끼들은 겨울에는 가족과 떨어져서 단독으로 생활한다, 무리를 형성하는 새 중에는 수개월에서 수년간 그룹으로 살아가는 것들도 있다.

살아남기 🎐

새는 많은 포식자를 피하려고 외견이나 행동이 잘 진화해 왔다. 살아남기 위한 새의 3원칙으로 '두드러지지 않는다', '경계한다', '적의 눈을 속인다'가 있다.

원칙 1. 두드러지지 않는다

위장하기 위해 은폐색을 하는 새도 많다. 몸의 모양이 자연물과 비슷하거나 풍경과 비슷한 모양과 색인 것도 많다. 필요에 따라 선명한 색의 깃털을 감추기도 한다.

둥지도 은폐가 가능한 곳에 짓고 출입도 조심스럽게 한다. 특히 지상에 집을 짓는 새는 주위 색과 어울리게 하고, 알의 색도 주위 색과 비슷하게 한다. 냄새까지도 포식자가 모르게 무취하게 하려고 노력한다.

새는 본능적으로 열린 공간에 나오는 것을 두려워한다. 참새류는 포식자를 피하여 늦은 시간에 먹이 활동을 한다.

수면이나 휴식을 취할 때에는 포식자들의 눈에 띄지 않는 곳을 택한다. 숲에 사는 참새류는 높은 곳의 가지를 택한다. 작은 참새목 중에는 야간에 이동하는 것이 있는데, 이 역시 포식자를 피하기 위함이다.

원칙 2. 경계한다

포식자는 먹잇감을 기습한다. 주로 동작이 느린 새를 목표로 한다. 새들은 다른 종끼리도 서로서로 소리나 날갯짓으로 포식자가 노리고 있다는 것을 알려 준다.

까마귀는 위험에 관한 여러 가지 정보를 서로 교환한다. 포식자에게 깃털을 흔들거나 하여 보고 있다는 것을 역으로 알려 주어 공격을 예방하기도 한다. 그런가 하면, 한쪽 눈을 뜬 채 자는 새도 있다. 모르는 곳에 이동해 온 새는 포식자에 관한 정보를 그곳의 토착 새에게서 배운다.

원칙 3. 적의 눈을 속인다

모든 방법이 허사일 경우, 새는 포식자를 교란하거나 위협하거나 놀래 주는 방법으로 방어한다. 작은 새들은 포식자보다 가벼운 몸으로 움직임도 재빠르므로 대담하게 포식자들을 공격적으로 위협한다. 가끔은 무리로 사는 새들은 포식자를 에워싸 고성을 내며 위협하기도 한다.

둥지를 지키기 위하여 마치 다친 흉내를 내어 포식자를 쫓아내는 새도 있다. 새무리가 마치 단체 무용을 하듯 복잡한 모양의 비행을 하는 것은 운동장에서 관중이 웨이브를 하는 것처럼 다른 새의 움직임에 대한 반응이다.

부록

기타 해설자료

생물학 🌿

살아 있는 지구의 살아 있는 생명체의 과거 · 현재 · 미래를 연구하는 학문으로, 최근에는 살아 있는 생명체뿐 아니라 그들을 둘러싸고 있는 환경, 즉 생태계도 같이 들여다보게 되었다.

생물 다양성 🌿

생물 다양성이 중요한 이유?

보고된 것만 200만 종이나 매년 20,000종 이상 보고되는 것으로 보아 1,400만 종은 될 거라는 추측이다. 이 다양한 생물이 모두 중요한가?

답은 간단하다. '혼자서는 살지 못한다.' 수십만 종의 동식물, 미생물의 도움으로 살아가는 인간을 보면 더욱 그렇다. 종 다양성, 유전자 다양성, 생태계 다양성 모두 중요한 것은 아주 복잡한 기계라도 작은 부품 하나 없으면 멈추는 것과 마찬가지이다. 복잡한 생태계가 단순한 것보다 더 안정적인 이유는 환경의 변화에의 적응력이 강하기 때문이다.

여러 생물이 존재해서 생태계가 복잡해질수록 점점 더 여러 생물이 출현하고 환경 변동에도 강하다. 예를 들어 A종이 멸종해도 비슷한 생활 스타일의 종이 그 자리를 보충하여 큰 문제는 발생하지 않는다. 하지만 대량 멸종의 경우는 얘기가 달라진다. IPBES 보고에 의하면, 수십 년 안에 10%가 멸종할 것이라고 한다.

대량 멸종이 이렇게 급격하게 진행되면 비슷한 니치(niche)를 보충하지 못해 구멍이 뚫린다. 따라서 거기에 의존해 왔던 생물들이 사라지는 도미노 현상이 발생할 것이다. 곤충이 사라지면 식물도 타격이고, 그 시체에서 영양을 얻던 땅속의 분해자 미생물도 타격을 받아 결국 모든 생물에게 비참한 결과를 낳을 것이다.

생태계가 다양할수록 풍요롭다

- 종 다양성(species diversity)
- 유전자 다양성(genetic diversity)
- 생태계 다양성(ecosystem diversity)

아주 복잡한 기계이다. 조그만 부품 하나라도 없으면 안 된다.

인간이 필요로 하는 생명체도 수십만 종에 이른다.

격변하는 환경에 살아남기 위해서는 다양성이 필수이다.

지구상 생물의 수

이 지구상에 있는 나무는?

2015년 위성사진과 슈퍼컴퓨터 등을 이용하여 정밀히 조사한 결과,
3조 400억 그루(75억 인구 1인당 약 400그루)

바다에 사는 생물 수와 우주에 떠 있는 별의 수

바닷물 1리터에 1,010억 1천만 1,000마리의 생물이 살고 있으므로
바다 전체에 사는 생물의 수 = 1천조 × 1천조
우주의 별 숫자 2조(=하나의 은하에 있는 평균 별의 수) × 1조(=은
하의 수)

흙

어느 행성에도 없는 것.

> **흙 = 지의류의 뿌리로 바위를 부식시킨 가루 + 지의류의 사체**
> **지의류 = 극한의 환경을 극복하고 지구표면을 덮은 최초의 생물**

흙은 박테리아의 집으로, 박테리아가 좋은 상태의 흙으로 관리한다.
크기는 100만분의 2m로 크기보다 개체 수로 승부한다.

미생물이 지구를 살린다 🌿

공장 폐수를 분해하여 맑은 물로 만든다.

> 아케아 = 쓰레기를 먹고 에너지원인 메탄가스를 내놓는다.
> 지구 자정 작용 = 저절로가 아니고 미생물이 분해하는 결과

섬 생태계가 멸종에 취약한 이유 🌿

바다에 떠 있는 섬은 오랜 세월 동안의 화산작용이 거듭되어 수면 위로 떠오른 것으로, 생명이 살 수 있는 환경이 되기까지 수백만 년이 걸렸다. 이후 이런저런 경로로 생명체가 상륙하여 나름의 제한된 환경에서 터를 잡고 오랫동안 섬 생활에 적절하게 진화해 왔다.

미국 자연사박물관의 마이어 박사의 연구에 의하면, 최근 200년간 멸종된 새를 보면 대륙에서 8종, 섬에서 92종으로 나타났다. 섬에 사는 생물들은 천적이 없고, 일정한 기후를 유지하며, 생존 경쟁이 치열하지 않다는 특징이 있는데 갑자기 인간과 함께 쥐나 고양이가 상륙하면 큰 시련에 당면하는 것이다. 고유생물들이 대거 사라진 대표적인 곳이 하와이제도이다.

개구리 알이 검은 이유? 🍃

모든 파장을 흡수하는 것은 보이는 범위의 빛을 반사하지 않으므로 검게 보인다. 검은색이 빛에 닿으면 쉽게 뜨거워지는 것은 모든 파장의 에너지를 흡수하기 때문이다. 이른 봄의 낮은 수온 속의 알이 빨리 데워져서 성장이 빠르게 하기 위함이다. 돌 속에 낳는 개구리 알은 일광을 모두 흡수할 필요가 없으므로 하얀색에 가까운 노랑이다.

동물에 심장이 있는 이유 🍃

심장은 다세포생물 이후에 생긴 것. 식물은 세포 간의 침투압의 차를 이용하여 물질을 몸 구석구석까지 보내지만, 근육을 이용하여 재빨리 움직여야 하는 동물은 심장이라는 특수 펌프를 개발하여 혈액을 강제적으로 순환시키는 시스템을 개발하였다. 동물은 민첩하게 움직여야 하므로 몸 전체에 보내는 에너지를 만들어야 하기 위해서 필요한 산소를 구석구석 신속하게 보낼 필요가 있다.

물고기의 비밀 🍃

물고기는 수를 셀 수 있는가?

물고기는 수가 많은 무리에 속한다. 포유류는 수를 능숙하게 센다.

새들에게도 수를 세는 능력은 생존과 직결된다. 양서류나 파충류도 먹이나 교미 상대의 수를 센다. 거대하고 복잡한 뇌를 가진 고래목(目)을 제외하면 모든 육상 생물이 수를 센다. 모든 척추동물의 반 이상의 수인 물고기는 뇌가 비교적 작은 편으로, 파충류나 양서류보다 인지 능력이 열등한 것으로 알려져 있지만 개중에는 더 우수한 것도 있다.

물고기가 큰 무리에 속하면 유리하다

- 짝을 찾기 쉽다.
- 유기물인 큰 입자를 먹이로 삼을 경우 많은 눈으로 찾기 쉽다.
- 포식자에 먹힐 리스크가 적다.

산성비를 맞으면 머리가 빠진다고? 🌿

산성비를 맞으면 머리가 빠진다는 말을 많이 들어 보았을 것이다. 이는 빗물에 대한 오해로부터 나온 이야기이다. pH7 이하는 산성, 숫자 1의 차이는 10배, 2의 차이는 100배, 3의 차이는 1000배라고 한다.

- 우리나라 빗물: pH5.6
- 우유: pH6.4~7.6
- 오렌지주스: pH2.2~3.0
- 샴푸/린스: pH3.5
- 콜라: pH2.5

- 식초: pH3.0
- 유황온천: pH2.7

이렇게 보았을 때, 수돗물에 샴푸로 머리를 감는 것보다 빗물을 맞는 것이 훨씬 낫다. 황사는 비에 영향이 없으나, 미세먼지는 비가 시작되고 20분이 지나야 정상이 된다.

위기의 반구대 암각화

신석기 시대(5,000~7,000년 전)의 작품으로 추정되는 사람과 동물의 그림으로, 문화재로 지정된 것은 발견된 후 24년이나 지난 뒤였다. 그러나 암각화의 수난은 끝이 없다. 병풍 제작용으로 탁본을 뜨는 것은 일상이고, 대곡천댐의 만수로 인해 매년 몇 차례 물에 잠기기 일쑤이다 (댐의 최고 수위는 해발 60m, 암각화는 해발 53m). 이미 바위 표면의 24%는 훼손되었고 그림도 35점이나 사라졌다. 보존 방법을 모색해야 할 것이다.

남북극 바다가 더 차고 더 무거운 이유

물은 얼고 소금은 남기 때문이다.

모노테르펜(monoterpene) 🍃

모노테르펜은 테르펜 또는 테르페노이드에 속하는 큰 분자군으로, 분자량이 낮아서 휘발성이 높아 상온에서 기체로 잘 바뀐다. 많은 식물, 곰팡이나 박테리아, 소수의 곤충이 이것을 생산한다. 대부분 식물은 여러 유형의 모노테르펜을 생산한다.

모노테르펜은 식물의 잎과 꽃에서 나는 향의 원천이다. 실제로 식품이나 향수에 쓰이는 많은 향이 모노테르펜에서 나온다. 우리가 알고 있는 약 1,000개의 모노테르펜이 약 50개의 식물군에서 생산된다. 가장 대표적인 것은 꿀풀과(로즈마리, 세이지, 민트, 라벤더)와 운향과(감귤류) 식물이다. 국화과에서 추출되는 피레트린(pyrethrin)이란 모노테르펜은 강력한 천연살충제이다.

식물은 환경 스트레스에서 자신을 보호하려고 모노테르펜(에센셜오일)을 생산한다. 식물에 있어 모노테르펜은 항산화 작용과 열 보호 작용을 할 뿐 아니라, 잠재적 해충과 잠재적 포식자를 물리치는 역할도 한다. 활엽수들은 저장이 어렵지만, 침엽수는 수지구에 다량 저장할 수 있다. 그늘의 잎보다 빛이 드는 잎이 배출을 많이 하며, 잎 크기가 큰 초여름에 가장 활발하게 배출한다.

모노테르펜이 인체에 미치는 영향

- 가래 제거
- 소화 촉진
- 피부를 따뜻하게 하는 작용

- 소독
- 경련 억제
- 간 보호

이온 샤워

움직이는 물이 있으면 레나르트효과(폭포효과)로 인한 음이온화가 늘 따라온다. 물이 단단한 물체에 부딪혀서 부서질 때의 운동에너지나, 물이 공기 중으로 확산할 때의 운동에너지가 클수록 더 많은 이온이 효과적으로 생산된다. 물줄기가 바닥에 부딪히는 장소 근처에는 소형 음이온이 아주 많이 포함되어 있고, 이 이온들은 생리 활성 효과도 아주 강하다. 폭포 주위나 파도가 바위에 부딪치는 곳에서는 더 많은 음이온이 생성된다.

크고 작은 나무들은 그 속에 에어로졸을 가두어 두어서 음이온화의 편익을 높인다. 물이 순환하고 거품을 내는 과정에서 다량의 에어로졸이 공기 중으로 방출되는 온천지대나 지열지대는 소형 음이온의 원천이다. 숲이 산악지역에 있으면 소형 음이온의 양이 훨씬 많다. 음이온은 지표면에서 멀어지려 하므로 작은 언덕에서 생성된 음이온은 고도가 높은 곳으로 이동한다.

자외선의 웃기는 진화 🌿

1930년대 미국과 유럽에서 인공 자외선을 쬐게 하여 비타민 D를 강화한 우유를 시판하였는데, 이런 것들이 곱삿병 퇴치에 도움이 된다고 광고하였다. 또 보다 건강한 양계, 양잠에도 자외선을 활용토록 권장하였다.

자외선 붐은 만능 이미지에 신비로운 이미지를 더하였다. 창문도 자외선을 막지 않는 자외선 투과 유리로 시공하고, 인공 자외선이 등장할 정도였다. 야외 활동을 권장하여 스키나 일광욕, 해수욕 등이 인기였다. 자외선은 피부를 건강하게 하며 감기도 안 걸리게 한다고 믿었다.

1960년대에는 피부의 프로비타민 D가 자외선 작용으로 비타민 D가 되고 그것은 칼슘을 제조하여 뼈를 튼튼하게 하므로 자외선 치료법을 권장하였다. 요즈음의 주장과는 반대되는 잘못된 주장이 주류를 이루었다. '대기 오염 등으로 인해 건강에 이로운 자외선을 마음껏 쬘수 없다.'는 카피가 광고로 등장할 정도였다. 오나시스도 전신을 햇볕에 그을리는 것을 자랑하였고, 그을린 얼굴이 신분의 심벌이 되던 시대였다.

하지만 오늘날 자외선이 이롭다고 하면 정신병자 취급을 받을 것이다. 여름이 되면 자외선 지수를 발표하며 햇빛에 노출되지 않도록 주의하고 있으며, 자외선을 대부분 흡수하는 오존층이 프론가스 때문에 망가져 큰일이라고 난리다.

공룡 전성시대를 목격한 은행 🌿

1억 5,000만 년 전 공룡과 함께 전성시대를 구가한 식물인 은행은 종자식물이면서 양치식물처럼 정자를 갖고 있다.

균류는 식물인가 동물인가 🌿

과거에는 식물로 분류하였으나 현재는 균류이다.

유기물이란? 🌿

유기화합물 = 탄소를 포함하는 모든 것
생물이 생물 고유의 힘으로 만들 수 있는 것 → 태워서 탄(=탄소 덩어리)이 남는 물질

생명 활동에 필요한 것들 🌿

물이 생명 활동에 필수인 이유
생체 내에서 이루어지는 여러 화학반응에 물이 필수 불가결이다. 지구상에 다양한 생물이 있지만 물 대신 다른 액체를 사용하며 생명 활동

을 하는 생물은 발견되지 않고 있다.

비타민과 무기질(=미네랄)

비타민은 생물이 체내에서 만들 수 없으므로 외부로부터 섭취해야 하는 유기물 중 미량으로 생리작용을 조절하는 물질이다. 식물은 무기물로부터 여러 종류의 유기물을 만들 수 있으므로 비타민은 존재하지 않는다.

아프리카와 남미의 식물이 비슷한 이유 🍃

학자들은 대서양 양안(兩岸)의 대륙 형상이 비슷하다는 데서 착상하여 대륙이동설을 주창하였다. 1억 2,000만 년 전에 대서양이 생기면서 아프리카와 남미의 분리되기 이전까지는 아프리카와 남미는 동일 대륙이었다.

왜 석회암에서 화석이 잘 보이는가? 🍃

퇴적암은 모래, 진흙, 화산재, 생물 유해 등의 입자가 해저나 호저에 퇴적되어 서서히 눌려서 굳어지면서 장시간 화학변화가 진행되면서 다양한 형태의 단단한 돌이 되는 것이다. 그 다양한 돌 중에서 특히 생물 유해의 퇴적물이 석회암이나 처트(chert)이기 때문이다.

환경파괴 🖋

원시림을 불 지르는 라면

인도네시아의 칼리만탄섬의 오랑우탄이 살고 있는 원시림이 사라지고 있다. 라면을 튀길 때 쓰는 팜유를 생산하기 위해서이다. 기름야자수에서 뽑아낸 팜유는 싸기도 하지만 장기간 상온 보존이 가능하기 때문이다.

인류의 환경 파괴

인류에 의한 환경파괴는 100년 단위로 잴 수 있는 스피드인데, 이것은 광합성에 의한 지구 환경 변화보다 100만 배 이상의 속도이다. 생명들의 진화의 속도로는 적응이 불가능하다. 인류도 과연 이 격변에 살아남을 수 있을까? 만일 외계인이 보고 있다면 인간들의 행동을 '자신들이 희생해서 본래의 고대지구 환경으로 되돌리려는 눈물겨운 노력'이라고 비꼴 것이다.

유튜브 139편 목차

제가 3년간 유튜브에 올린 총 139편의 목차입니다. 검색 예를 들면 다음과 같습니다.

▶ 인문학적숲해설/박종만/16우리식물의 주권(주제)